病鸡角弓反张

病鸡扭颈

病鸡"劈叉"姿势

病鸡流涎

病鸡呼吸困难

病鸡胸部囊肿

先天异常（四条腿）

病鸡趾爪蜷曲

病鸡跖骨短粗（左）　　　鸡冠苍白　　　　鸡痘

鸡冠发绀　　　　　　　排黏糊状粪便

排石灰水样粪便　　稀粪沾污泄殖腔周边羽毛　　鸡脚垫损伤

 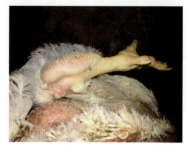

啄癖　　　　　　　　　鸡关节肿胀

病死鸡的外观临床表现

鸡口角边的肿胀物

鸡下颌肿胀物

雏鸡喙变软易弯曲

雏鸡脐带炎

病鸡龙骨凸出,消瘦

病鸡膝盖损伤,皮下出血

脚趾关节损伤

蛋鸡背部的创伤,鸡冠苍白

病死鸡的剖检病理变化

雏鸡胸腹部有胶冻样渗出

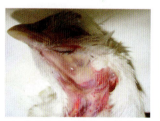
肉鸡颈部皮下有胶冻样渗出

鸡胸部皮下干燥

腿部肌肉出血

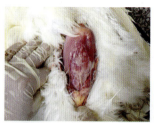
胸部肌肉因注射疫苗变性坏死

腿肌肿瘤切面

龙骨的"S"状弯曲

胸部囊肿

鸡消瘦，龙骨透明

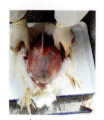
鸡腹腔积液

鸡腹腔积血

肉鸡肝腹膜腔积液

雏鸡卵黄囊液化、发绿

浆膜炎症（心包炎、肝周炎）

鸡肝脏肿大数倍

铜绿肝

肝脏上的点状坏死灶

肝脏上的出血斑

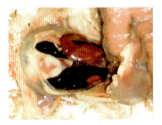
肝脏破裂

脾脏出血

脾脏肿大及点状坏死灶

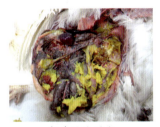
卵黄性腹膜炎

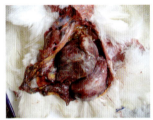
种鸡腹腔器官的肿瘤

腹腔内的泡沫样物

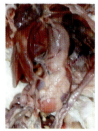
腺胃肿大

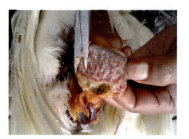
腺胃乳头出血

肌胃糜烂

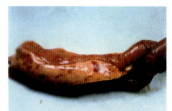
胰腺出血和坏死

肠道的出血斑

肠道的肿胀及溃疡

肠道上的小结节

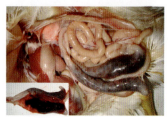
盲肠出血，内有血凝块

盲肠内的干酪样渗出物

直肠的丘疹样病变

右心肥厚

心包积液

支气管堵塞

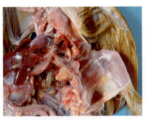
肺部的霉菌结节

花斑肾

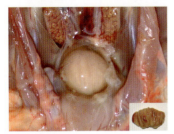
法氏囊肿大，内膜出血

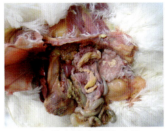
输卵管内有炎性渗出物

卵泡出血

软壳蛋或无壳蛋

蛋壳变薄、易碎

砂壳蛋

鸡的常见养殖方式

高效养殖致富直通车

鸡病快速诊断与防治技术

视频升级版

主　编　孙卫东　孙久建
副主编　谭应文　刘大方　俞向前　瞿瑜萍
参　编　王玉燕　王　权　王希春　叶佳欣　刘永旺
　　　　何成华　余祖功　张忠海　陈　甫　金耀忠
　　　　鲁　宁　瞿　蕾　樊彦红
主　审　胡元亮

机械工业出版社
CHINA MACHINE PRESS

本书由多个大专院校、科研院所及多家养鸡生产单位的专家和教授合作编写而成。全书由鸡病的快速诊断方法、鸡场各类疾病的诊断要点和防治策略等内容组成，从养鸡者如何通过症状的变化认识鸡病，如何通过分析症状诊断鸡病，如何及时防治鸡病的角度加以叙述，对一些典型症状还配有二维码视频，让广大养鸡者一看就懂，一学就会，用后见效。全书共分5章，分别为鸡病的临床检查技术和诊断方法、鸡异常临床症状及其关联症状与初步诊断、鸡剖检病变观察与初步诊断、鸡常见病的诊断要点及防治、鸡场疾病的综合防治策略。

本书可供基层兽医技术人员和鸡养殖户在实际工作中参考，也可供教学和科学研究工作者参考，还可作为家禽养殖的培训教材。

图书在版编目（CIP）数据

鸡病快速诊断与防治技术：视频升级版/孙卫东，孙久建主编.—2版.—北京：机械工业出版社，2018.6（2021.3重印）
（高效养殖致富直通车）
ISBN 978-7-111-59299-0

Ⅰ.①鸡⋯ Ⅱ.①孙⋯ ②孙⋯ Ⅲ.①鸡病－诊疗 Ⅳ.①S858.31

中国版本图书馆CIP数据核字（2018）第039331号

机械工业出版社（北京市百万庄大街22号 邮政编码100037）
总 策 划：李俊玲 张敬柱
策划编辑：周晓伟 责任编辑：周晓伟 张 建
责任校对：王 欣 责任印制：孙 炜
保定市中画美凯印刷有限公司印刷
2021年3月第2版第2次印刷
147mm×210mm·6.75印张·4插页·211千字
6001—7900册
标准书号：ISBN 978-7-111-59299-0
定价：35.00元

凡购本书，如有缺页、倒页、脱页，由本社发行部调换

电话服务 网络服务
服务咨询热线：010-88361066 机 工 官 网：www.cmpbook.com
读者购书热线：010-68326294 机 工 官 博：weibo.com/cmp1952
　　　　　　　010-88379203 金 书 网：www.golden-book.com
封面无防伪标均为盗版 教育服务网：www.cmpedu.com

高效养殖致富直通车 编审委员会

主　　任　赵广永
副 主 任　何宏轩　朱新平　武　英　董传河
委　　员　（按姓氏笔画排序）
　　　　　丁　雷　刁有江　马　建　马玉华　王凤英　王自力
　　　　　王会珍　王凯英　王学梅　王雪鹏　占家智　付利芝
　　　　　朱小甫　刘建柱　孙卫东　李和平　李学伍　李顺才
　　　　　李俊玲　杨　柳　吴　琼　谷风柱　邹叶茂　宋传生
　　　　　张中印　张素辉　张敬柱　陈宗刚　易　立　周元军
　　　　　周佳萍　赵伟刚　郎跃深　南佑平　顾学玲　徐在宽
　　　　　曹顶国　程世鹏　熊家军　樊新忠　戴荣国　魏刚才
秘 书 长　何宏轩
秘　　书　郎　峰　高　伟

序 Foreword

改革开放以来，我国养殖业发展非常迅速，肉、蛋、奶、鱼等产品产量稳步增加，在提高人民生活水平方面发挥着越来越重要的作用。同时，从事各种养殖业也已成为农民脱贫致富的重要途径。近年来，我国经济的快速发展对养殖业提出了新要求，以市场为导向，从传统的养殖生产经营模式向现代高科技生产经营模式转变，安全、健康、优质、高效和环保已成为养殖业发展的既定方向。

针对我国养殖业发展的迫切需要，机械工业出版社坚持高起点、高质量、高标准的原则，于2014年组织全国20多家科研院所的理论水平高、实践经验丰富的专家、学者、科研人员及一线技术人员编写了"高效养殖致富直通车"丛书，范围涵盖了畜牧、水产及特种经济动物的养殖技术和疾病防治技术等。丛书应用了大量生产现场图片，形象直观，语言精练、简洁，深入浅出，重点突出，篇幅适中，并面向产业发展需求，密切联系生产实际，吸纳了最新科研成果，使读者能科学、快速地解决养殖过程中遇到的各种难题。丛书表现形式新颖，大部分图书采用双色印刷，设有"提示""注意"等小栏目，配有一些成功养殖的典型案例，突出实用性、可操作性和指导性。四年来，该丛书深受广大读者欢迎，销量已突破30万册，成为众多从业人员的好帮手。

根据国家产业政策、养殖业发展、国际贸易的最新需求及最新研究成果，机械工业出版社近期又组织专家对丛书进行了修订，删去了部分过时内容，进一步充实了图片，考虑到计算机网络和智能手机传播信息的便利性，增加了二维码链接的相关技术视频，以方便读者更加直观地学习相关技术，进一步提高了丛书的实用性、时效性和可读性，使丛书易看、易学、易懂、易用。该丛书将对我国产业技术人员和养殖户提供重要技术支撑，为我国相关产业的发展发挥更大的作用。

中国农业大学动物科技学院

Preface 前言

目前养鸡业已经成为我国畜牧业的一个重要支柱产业，在丰富城乡菜篮子、促进社会主义新农村经济发展、调整农业产业结构、增加农民收入、改善人民生活等方面发挥了巨大作用。然而，集约化、连续式的生产使鸡病越来越多，致使鸡病呈现出老病未除、新病不断，多种疾病混合感染，非典型化疾病、营养代谢和中毒性疾病增多的态势，导致鸡群发病率高、死淘率高、产蛋率低、饲料转化率低、产品质量差，不但危害了养鸡业的健康发展，直接损害了养鸡者的经济效益，而且在养鸡生产中化药、抗生素类药物的大量使用，使很多病原菌产生了耐药性，加上化药、抗生素可通过肉、蛋传给人类，成为食品安全亟待解决的问题。因此，加强鸡病的防控意义十分重大，而鸡病防控的前提是要对鸡病进行正确的诊断，因为只有准确地诊断，才能及时采取合理、正确、有效的防控措施。

目前广大养鸡者认识和处置鸡病的专业知识和技能相对不足，使鸡场不能有效地控制疾病，导致鸡场生产水平逐步降低，经济效益不高，甚至亏损，给养鸡者的生产积极性带来了负面影响，阻碍了养鸡业的可持续发展。对此，作者从养鸡者如何通过症状的变化认识鸡病，如何通过分析症状诊断鸡病，如何在饲养过程中对一些鸡病做出迅速及时防治的角度，在《鸡病快速诊断与防治技术》的基础上，补充了一些近年来出现的新病（如鸡心包积水综合征），删除了一些过时的内容，更换了原书的图片，增加了养鸡过程中典型症状的视频（建议读者在 Wi-Fi 环境下扫码观看）。所有这些改变都是想让养鸡者通过对鸡病的预警信息提示，做好鸡病的早期干预工作，克服鸡病防治工作中的盲目性，从而降低养殖成本，使广大养殖户从养鸡中获取最大的经济效益。

在本书的编写过程中力求文字简练，通俗易懂，科学性、先进性和实用性兼顾，让广大养鸡者一看就懂，一学就会，用后见效。本书可供基层兽医技术人员和鸡养殖户在实际工作中参考，也可供教学和科学研究工作者参考，还可作为家禽养殖的培训教材。

需要特别说明的是，本书所用药物及其使用剂量仅供读者参考，不可照搬。在生产实际中，所用药物学名、常用名与实际商品名称有差异，药物浓度也有所不同，建议读者在使用每一种药物之前，参阅厂家提供的产品说明以确认药物用量、用药方法、用药时间及禁忌等。购买兽药时，执业兽医有责任根据经验和对患病动物的了解决定用药量及选择最佳治疗方案。

由于作者的水平有限，书中的缺点乃至错误在所难免，恳请广大读者和同仁批评指正，以便再版时改正。

本书编者的研究和技术服务工作得到"国家重点研发计划项目——家禽重要疫病诊断与检测新技术研究（2016YFD0500800）"子课题"禽病远程网络诊断技术平台研究（2016YFD0500800-10）"和"江苏肉鸡生产全程关键技术集成示范应用［TG（17）003］"的支持。向认真审阅本书并提出宝贵修改意见的南京农业大学动物医学院胡元亮教授表示真诚的感谢，向本书直接或间接引用的资料的作者表示最诚挚的谢意！祝愿广大养鸡和鸡病防治工作者取得更大的成绩，得到实实在在的回报。

孙卫东
南京农业大学

目录 Contents

序

前言

第一章 鸡病的临床检查技术和诊断方法 ……… 1

第一节 鸡病的临床检查方法 … 1
- 一、用耳听 ………………… 1
- 二、用嘴问 ………………… 5
- 三、用眼看 ………………… 8
- 四、用鼻闻 ………………… 11
- 五、用手摸 ………………… 12

第二节 病鸡的病理剖检方法 ………………… 12
- 一、鸡死后的尸体变化及常见的病理变化 …… 12
- 二、病理剖检的准备和注意事项 …………… 16
- 三、病理剖检的程序 ……… 17
- 四、病料的采集、送检和注意事项 ………… 19
- 五、鸡病诊断的流程 ……… 21

第三节 鸡病诊断的建立及产生误诊的原因 ……… 22
- 一、疾病诊断的要求及分类 ………………… 22
- 二、疾病诊断的步骤及方法 ………………… 23
- 三、鸡群发性疾病的分类和诊断 …………… 25
- 四、建立正确诊断的条件和产生错误诊断的原因 …… 28

第二章 鸡异常临床症状及其关联症状与初步诊断 ……… 31

第一节 鸡群的群体表现与初步诊断 ……………… 31
- 一、突然死亡 ……………… 31
- 二、饮水异常 ……………… 34
- 三、食欲异常 ……………… 35
- 四、消瘦、生长缓慢 ……… 36
- 五、被羽情况 ……………… 38
- 六、产蛋率下降 …………… 39
- 七、皮肤变化 ……………… 40

第二节 鸡头颈部的异常变化与初步诊断 ………… 41
- 一、头颈部的外观变化 …… 41

二、喙的外观变化 …………… 42
三、鸡冠、肉髯、耳垂
　　的变化 ………………… 42
四、口腔及口腔周围的
　　变化 …………………… 43
五、眼的变化 ………………… 44
六、鼻腔和鼻液的变化 ……… 44
七、嗉囊的变化 ……………… 45

第三节　胸腹部的异常变化与
　　　　初步诊断 ……………… 45
一、胸廓的变化 ……………… 45
二、腹部的变化 ……………… 45
三、泄殖腔的变化 …………… 46

第四节　肢体、爪部的异常变化与初步诊断 ……………… 46

第五节　鸡常见症状的诊断思路及
　　　　鉴别诊断 ……………… 47
一、鸡运动障碍的诊断思路及
　　鉴别诊断 ……………… 47
二、鸡呼吸困难的诊断思路及
　　鉴别诊断 ……………… 51
三、鸡免疫抑制的诊断思路及
　　鉴别诊断 ……………… 53
四、鸡腹泻的常见疾病的
　　鉴别诊断 ……………… 54
五、鸡急性败血症常见疾病的
　　鉴别诊断 ……………… 56
六、鸡胚胎病的鉴别诊断 …… 58

第三章　鸡剖检病变观察与初步诊断 …………………………… 62

第一节　皮下组织、肌肉和
　　　　腹腔的病变 …………… 62
第二节　消化系统的病变 …… 63
一、口腔、食道、嗉囊 ……… 63
二、腺胃、肌胃、肠道
　　和盲肠扁桃体 ………… 64
三、肝脏、胆囊、胆管
　　及胰腺 ………………… 66

第三节　呼吸系统的病变 …… 68
第四节　心血管系统的病变 … 69
第五节　泌尿生殖系统的
　　　　病变 …………………… 70
第六节　免疫系统及内分泌系统的
　　　　病变 …………………… 72
第七节　运动系统及神经系统的
　　　　病变 …………………… 73

第四章　鸡常见病的诊断要点及防治 ……………………………… 75

第一节　病毒病 ……………… 75
一、禽流感 …………………… 75
二、鸡新城疫 ………………… 79
三、鸡传染性法氏囊病 ……… 83
四、鸡传染性支气管炎 ……… 87
五、鸡传染性喉气管炎 ……… 92
六、鸡痘 ……………………… 94
七、鸡包涵体性肝炎 ………… 96
八、鸡心包积水综合征 ……… 97
九、鸡产蛋下降综合征 ……… 99

十、鸡马立克氏病……………… 100
十一、鸡白血病 ……………… 102
十二、网状内皮组织
　　　增殖病 ……………… 104
十三、鸡传染性贫血病 ……… 105
十四、禽脑脊髓炎 …………… 106
十五、鸡病毒性关节炎 ……… 107

第二节　细菌病……………… 108
一、鸡大肠杆菌病 …………… 108
二、鸡沙门氏菌病 …………… 113
三、鸡霍乱 …………………… 118
四、鸡葡萄球菌病 …………… 120
五、鸡传染性鼻炎 …………… 123
六、鸡坏死性肠炎 …………… 124
七、鸡支原体病 ……………… 126
八、鸡曲霉菌病 ……………… 130

第三节　寄生虫病…………… 132
一、鸡球虫病 ………………… 132
二、鸡组织滴虫病 …………… 135
三、鸡住白细胞虫病 ………… 136
四、鸡蛔虫病 ………………… 138
五、鸡绦虫病 ………………… 139
六、禽隐孢子虫病 …………… 140

第四节　营养代谢病………… 141
一、维生素缺乏症 …………… 141
二、微量元素缺乏症 ………… 146
三、鸡痛风 …………………… 147
四、肉鸡腹水综合征 ………… 148
五、蛋鸡脂肪肝综合征 ……… 149
六、肉鸡低血糖-尖峰死亡
　　综合征 ……………… 151

第五节　中毒病……………… 151
一、磺胺类药物中毒 ………… 151
二、土霉素中毒 ……………… 152
三、黄曲霉毒素中毒 ………… 153
四、食盐中毒 ………………… 154
五、一氧化碳中毒 …………… 155
六、氨气中毒 ………………… 156

第六节　其他疾病…………… 157
一、肉鸡猝死综合征 ………… 157
二、笼养鸡产蛋疲劳
　　综合征 ……………… 158
三、鸡的异嗜癖（啄癖）…… 159
四、蛋鸡输卵管囊肿 ………… 160
五、中暑 ……………………… 161

第五章　鸡场疾病的综合防治策略 …………………… 163

第一节　鸡传染病的防治 …… 163
一、传染病流行的3个基本
　　环节 ………………… 163
二、疫苗和预防接种 ………… 164
三、免疫失败的原因 ………… 170
四、免疫接种的注意事项 …… 171
五、免疫程序的制订 ………… 173
六、传染病的一般治疗
　　方法 ………………… 177

第二节　鸡寄生虫病的防治 … 178
一、寄生虫病的流行规律 …… 178
二、寄生虫病的诊断要点 …… 178

三、寄生虫病的防治要点 … 179

第三节　鸡营养代谢病的
　　　　防治 …………… 180
　一、营养代谢病发生原因及其
　　临床特点 …………… 180
　二、营养代谢病的诊断
　　要点 ………………… 182
　三、营养代谢病的防治
　　要点 ………………… 182

第四节　鸡中毒病的防治 …… 183
　一、中毒病的发生原因
　　及其临床特点 ……… 183
　二、中毒病的诊断要点 … 184
　三、中毒病的防治要点 … 185

第五节　鸡场药物的合理
　　　　使用 …………… 186

　一、鸡的用药特点 ……… 186
　二、鸡场常用药物 ……… 187
　三、鸡给药的方法和技术 … 188
　四、使用抗菌、驱虫药时
　　的注意事项 ………… 191
　五、鸡病临床常见的
　　用药失误 …………… 193

第六节　鸡场的有效消毒 …… 193
　一、鸡场常用的消毒方法 … 193
　二、鸡场常用消毒剂的种类及
　　使用剂量 …………… 194
　三、鸡场的消毒技术 …… 198

第七节　鸡场疫病的防控
　　　　策略 …………… 201

附录 ……………………………… 203
　附录A　初生雏鸡的强、弱分级
　　　　标准 …………… 203
　附录B　高产蛋鸡与低产蛋鸡的
　　　　区分方法 ……… 204

参考文献 ………………………… 205

第一章 鸡病的临床检查技术和诊断方法

第一节 鸡病的临床检查方法

临床检查是及时正确判断鸡病、找出病因、提出有效防治措施的基础性工作。临床兽医应深入现场、亲自询问、实地察看、认真检查。常用于鸡病临床检查的方法有用耳听、用嘴问、用眼看、用鼻闻、用手摸，简介如下。

一、用耳听

1. 听主诉

听主诉是指临床兽医认真听取鸡主、鸡饲养者、鸡场技术人员等对发病鸡群情况的叙述。在此过程中，临床兽医可结合生产记录等资料，设法弄清楚以下几方面的问题。

（1）**鸡病发生的时间节点** 是在换料（水）前还是换料（水）后；是在饮水消毒前还是消毒后；是在上笼前还是上笼后；是在刚开产、产蛋高峰还是淘汰前；是在清晨、午后还是晚上；是在疫苗免疫前还是免疫后；是在饲料（饮水）中添加药物前还是后；对放养鸡是在下雨前还是下雨后等。

（2）**病鸡的临床表现** 是强壮的鸡还是弱小的鸡首先发病；是否有饮、食欲下降或增加；是精神沉郁还是亢奋；是否伴有咳嗽、喘息、呼吸困难、腹泻、尖叫、产蛋率下降、运动姿势异常等症状；病鸡是否是无任何临床表现而突然死亡等。

（3）**疾病发生后的进展** 鸡群发病是群发还是散发；邻近鸡舍及附近鸡场是否有类似疾病的发生；患病鸡从发病到死亡的时间（潜伏期）有多长；目前鸡群比开始发病时的发病情况是减轻还是不断加重；有无原有症状的消失或新症状的出现；是否对环境或鸡群进行消毒；是否进行某种疫苗的紧急接种；是否经过药物治疗，用什么药物治疗，其效果如何；是否进行饲料或饮水的更换，效果如何等。

(4) 计算鸡群的发病率、死亡率、病死率 根据主诉人或生产记录提供的鸡群的总只数、发病病例数、死亡病例数分别进行计算,即:发病率=鸡群的发病病例数/鸡群的总只数;死亡率=鸡群的死亡病例数/鸡群的总只数;病死率=鸡群的死亡病例数/鸡群的发病病例数。将以上计算出的数据绘制成鸡群的发病曲线图,以此判断其发病是符合疫病(如传染病)曲线还是中毒病曲线(图1-1)。

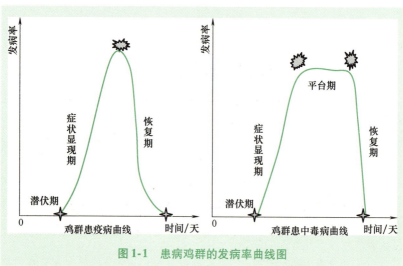

图1-1 患病鸡群的发病率曲线图

在听主诉的过程中,针对主诉人所估计到的致病原因(是否因饲喂不当、换料、断水、受凉、高温、免疫失败、周围的传染等),查阅相应的生产记录(如免疫记录、消毒记录、病原及免疫抗体检测记录、兽药使用记录、病死鸡无害化处理记录,见表1-1~表1-5)并进行核实,同时将在对病鸡进行进一步检查中获得的信息及实验室检验项目的结果与主诉人的叙述进行比较,避免因主诉人的人为想象和主观认定带来的负面影响,从而达到去伪存真的目的。

表1-1 鸡群免疫记录表

鸡群代(批)号	栏舍号	存栏数	免疫日期	计划免疫日龄	实际免疫日龄	免疫时鸡群健康状况	疫苗名称	疫苗生产厂家及批号	免疫方法	免疫剂量	接种人签名

第一章 鸡病的临床检查技术和诊断方法

表1-2 鸡群消毒记录表

鸡群代（批）号	栏舍号	存栏数	消毒日期	计划消毒日期	消毒时鸡群健康状况	消毒药名称	生产厂家及批号	消毒场所	消毒方式	消毒药配制浓度	操作者签名

表1-3 鸡群病原及免疫抗体检测记录表

鸡群代（批）号	栏舍号	存栏数	采样日期	采样日龄	采样样本数	免疫日龄（次数）	检测项目	检测试剂（盒）生产厂家及批号	检测方法	检测结果	检测单位（人）盖章（签名）

表1-4 鸡群兽药使用记录表

鸡群代（批）号	栏舍号	存栏数	使用日期	使用时鸡群日龄	使用时鸡群主要临床表现	停药时间	兽药名称	兽药生产厂家及批号	使用方法	使用剂量	使用者签名

表1-5 病死鸡无害化处理记录表

鸡群代（批）号	栏舍号	存栏数	处理日期	处理数量	处理原因	处理方法	处理单位（负责人）盖章（签名）	备注

2. 听鸡群的呼吸、鸣叫声

健康鸡的鸣叫声清脆，公鸡鸣叫声响亮，进入产蛋高峰期的母鸡则发出明快的"咯咯哒、咯咯哒"声；发病鸡则鸣声低哑或间杂呼吸啰音、呼噜声、怪叫声与咳嗽；濒死期的鸡张口无音，叫声停止。病鸡叫声嘶哑、咳嗽的鉴别诊断见表1-6。有经验的饲养者或兽医技术人员常把"夜晚听声、清早看粪"作为观察鸡群健康的基本方法之一。

| 健康公鸡的鸣叫声 | 病鸡呼吸啰音 |

表1-6 病鸡叫声嘶哑、咳嗽的鉴别诊断表

临床表现	初步诊断
口、鼻排出黏液，摇头，伸颈，张口呼吸，喉部发出"咯咯"声，打喷嚏，冠、髯呈暗红色，体温升高，死亡率高；剖检见腺胃乳头出血，鼻腔、喉气管内充满黏液，黏膜充血、出血，心冠脂肪出血	呼吸型新城疫
头部、颈部及声门出现水肿，呼吸伴有湿啰音，发病突然，体温升高，眼睛潮红充血，流泪，有神经症状，死亡率高；剖检见腺胃乳头出血，气管环出血，肠道出血严重，心肌坏死，心冠脂肪出血，喙发紫，跖骨鳞片出血	慢性或亚急性高致病性禽流感
雏鸡几乎全群同时发病，表现流鼻液、流泪、咳嗽、打喷嚏、呼吸费力，伸颈，张口喘息，死亡率因防控措施是否及时有很大差异；产蛋鸡约经1天波及全群，表现张口呼吸，不时有鸡咳嗽、打喷嚏，发出"吼吼"的声音，继而产蛋率下降，出现畸形蛋；剖检见气管黏膜覆有浅黄色透明分泌物或白色痰状栓子，并自上而下逐渐充血潮红	鸡传染性支气管炎
吸气时，头、颈前伸，眼半闭或全闭，尽力吸气，同时可听到"咯咯"声或啰音；当痉挛咳嗽时，猛烈摇头，常咳出带血的黏液，冠发紫，产蛋率急剧下降，病鸡多因窒息而死亡；剖检见喉部及气管由黏液性炎症到黏膜出血、坏死形成的干酪样物质	鸡传染性喉气管炎
病初流黏性鼻液，2~3天后在口腔、咽喉和气管黏膜的表面生成白色的小结节，后增大形成黄色干酪样伪膜（白喉），呼吸伴有干啰音，成年鸡死亡率一般在5%左右，雏鸡严重发病时死亡率可达50%	黏膜型（白喉型）鸡痘
鼻旁窦发炎，先流出水样液体，继而流出浓稠样并有难闻气味的黏液，患鸡常摇头或以爪搔鼻部，颜面肿胀，当炎症蔓延至气管和肺部时，病鸡呼吸困难并伴有啰音	鸡传染性鼻炎

（续）

临床表现	初步诊断
呼吸困难，伴有啰音；剖检见心包炎、肝周炎、气囊炎，心包积液；在麦康凯琼脂培养基上长出红色大菌落	鸡大肠杆菌病
咳嗽，流涕，流泪，眼睑肿胀，结膜炎，鼻窦炎，气喘，逐渐消瘦，气囊浑浊增厚，有较多的黏液和絮状分泌物	鸡败血支原体病
摇头，喉头发出"咔咔"声，驱赶后张口呼吸，消瘦，贫血；剖检可见虫体；镜检可见虫卵	鸡气管比翼线虫病
呼吸困难，常伸颈张口吸气，细听有气管啰音，有时摇头，连续打喷嚏；剖检见肺部有同心圆样肉芽肿样结节	鸡曲霉菌病
鸣叫，盲目运动，站立不稳，惊厥，极度兴奋，呼吸困难；有采食过量食盐和饮水不足的病史	食盐中毒

二、用嘴问

用嘴问就是临床兽医以询问的方式向鸡主、鸡饲养者、鸡场技术人员等了解发病鸡群情况的检查方法。在此过程中，临床兽医主要应问清楚鸡所用饲料以及兽药和疫苗的来源（表1-7），鸡所处的环境状况及饲养管理（表1-8），鸡群的既往病史和现病史（表1-9）。

表1-7　鸡所用饲料以及兽药和疫苗来源部分项目的参照表

类别	项目	认症时参考
苗鸡、蛋鸡、种鸡	品种	一般引进的或地方培育的优良品种生产性能较好，土种较差
	厂家	无特定病原的正规厂家较好，非正规的厂家或土法上马的厂家较差
	接雏情况	根据距离合理安排，一般亲自接雏较好，而批发到户较差
	雏鸡7日龄内患病	一般考虑接雏途中受寒、受热（出汗），育雏管理不善，种鸡健康状况不佳，种蛋贮存时间过长，孵化场卫生消毒不严等
	上笼情况	上笼前鸡群体重达标，整齐度≥85%较好；反之则差
	上笼后7天内患病	一般考虑各种因素造成的应激，管理措施不到位等

(续)

类别	项目	认症时参考
饲料（原料、添加剂、预混料、全价饲料）	品牌	一般国际品牌、国内知名品牌的产品质量较好，不知名或无品牌的产品质量较差
	厂家	经过国际或国内质量认证的正规厂家较好，非正规的厂家或土法上马的厂家较差
	是否霉变、变质	重点检查能量饲料是否霉变，蛋白质饲料是否腐败变质等
	是否含违规药物	重点检查是否添加违规激素、抗生素类饲料添加剂等
	饲料配方	计算营养物质是否平衡，尤其注意产蛋鸡的钙磷比例、饲料中食盐的含量等
兽药、疫苗	品牌	一般国际品牌、国内知名品牌的产品质量较好，不知名或无品牌的产品质量较差
	厂家	经过GMP质量认证的正规厂家较好，非正规的厂家或土法上马的厂家较差
	标识是否完整	重点检查包装的内外标识内容是否一致，是否符合国家的相关规定
	是否霉变、变质、过期	重点检查产品是否有破损、霉变、沉淀（分层）、过期等情况
	是否含违规成分	重点检查其产品中是否有与标识不相同的成分及为提高疗效而添加的国家已经明令禁止的物质等

表1-8　鸡所处的环境状况及饲养管理部分项目的参照表

类别	项目	认症时参考
饲养环境	饲养方式	网上平养或笼养有利于切断粪传染源，地面平养则差；全封闭鸡舍易于对鸡舍内环境的控制，但造价和运行成本较高，简易鸡舍造价低，但对鸡舍内环境的控制较难

（续）

类　别	项　目	认症时参考
饲养环境	温度、湿度、光照、通风	给鸡创造适合其发挥最佳生产性能的环境，需要安装与之配套的防暑降温、防寒保暖、照明和通风的设备（设施）及必要的在特殊情况下能立即使用的应急设备（设施）
	鸡舍内外器具的清洁	每天（周）舍内外的清扫、消毒，水线（槽）、料线（槽）以及水塔（箱）和料仓的清洗、消毒等
	鸡舍周围的环境	了解附近厂矿的"三废"（废水、废气、废渣）的排放、处理情况及其环境卫生学的评定结果
饲养管理	饮水	检查鸡舍内是否断水、缺水；水线的水位是否保持一致，水线的压力是否满足鸡群饮水的需求，水线的乳头出水是否流畅；水线中的水质如何，是否经过严格消毒
	采食	监测采食量的变化是否符合所饲养鸡种的饲养手册规定的标准，以便及时查找原因
	饲养密度	密度大，易诱发呼吸道疾病、啄癖，不利于鸡最佳生产性能的发挥
	清粪是否及时	若不及时清粪会使有害气体浓度超标，损伤鸡的黏膜组织，诱发呼吸道疾病等
	后备鸡的发育情况	可初步判断鸡场管理的综合水平
	饲养人员的责任心	可初步判断人为因素对鸡饲养及疾病中的影响
	管理制度的执行	平时是否按已制定的正确合理的饲养、管理制度进行生产

表1-9　鸡群的既往病史和现病史的参照表

类　别	项　目	认症时参考
既往病史	平时疫苗免疫情况	免疫程序、免疫方法、疫苗种类、使用剂量等是否合理
	是否为疫区	若过去是疫区，是如何扑灭疫情的，是否采取过加强免疫的措施等

（续）

类　别	项　目	认症时参考
既往病史	曾用药情况	以往鸡群的用药情况，疗效如何；在药物疗效不佳的情况下是否进行药敏试验等
现病史	发病日龄	任何日龄均易发生的疾病有新城疫、禽流感、传染性支气管炎、大肠杆菌病、慢性呼吸道病等，0～3周龄易发生的疾病有胚胎病、沙门氏菌病、禽脑脊髓炎、传染性法氏囊病、球虫病等，4～20周龄易发生的疾病有传染性喉气管炎、禽霍乱、传染性鼻炎、马立克氏病、淋巴白血病、球虫病、传染性法氏囊病等，产蛋高峰期易发的疾病有笼养鸡产蛋疲劳综合征、产蛋下降综合征、禽脑脊髓炎、传染性喉气管炎、禽霍乱、卵黄性腹膜炎等
	发病前鸡群的处理情况	是否换料（水），饲喂制度是否发生变化，是否上笼，是否进行免疫接种等
	是否具有传染性	可根据传播速度初步判断是否为传染病，如鸡传染性支气管炎就是传播迅速的呼吸道传染病；了解附近鸡场的疫情，有无传入的可能等
	健壮鸡是否发病	若健壮鸡首先发病，可考虑中毒病的可能
	用药情况	当前已用药物是否合理、有效，用药过程中是否根据病情、病程的变化调整药物的使用，用药方式是否考虑过整群与个体用药相结合等
	死亡率、淘汰率	死亡率和淘汰率高时，应考虑重症疫病、中毒病、营养代谢病、混合感染等

三、用眼看

在听完主诉和问诊之后，应对鸡群的群体状态进行观察。观察时往往先在鸡舍的一角或运动场外在不惊扰鸡群的情况下直接观察，重点查看鸡群的情况，必要时可将其中个别有代表性的（病）鸡挑出，仔细检查。观察时着重观察鸡群的精神状态、运动姿态、排泄物（粪便）的性状。

1. 看精神状态

健康鸡的精神活泼，听觉灵敏，白天视力敏锐，周围稍有惊扰便伸颈四顾，甚至飞翔跳跃，鸣声响亮，食欲良好，翅膀收缩有力，紧贴躯干，神志安详。鸡群的异常精神状态的初步诊断见表1-10。

表1-10 鸡群的异常精神状态的初步诊断

精神状态	伴随临床表现	初步诊断
精神沉郁	食欲减少或废绝，两眼半闭，缩颈垂翅，尾羽下垂，早晨不离栖架，或蹲伏在舍内一角，或伏卧在产蛋箱内，体温显著升高	见于某些急性传染病、寄生虫病、营养代谢病等，如鸡新城疫、鸡传染性法氏囊病、急性禽霍乱、鸡球虫病、维生素E（硒）缺乏症等
精神极度委顿	食欲废绝，缩颈闭目，蹲卧伏地、不愿站立	见于濒死期的鸡
精神兴奋	不安尖叫、两翅剧烈拍打向前奔跑	见于肉鸡猝死综合征、一氧化碳中毒、氟乙酰胺中毒等
旁视	一侧眼睛失明，视力障碍	见于眼型马立克氏病、禽脑脊髓炎、一侧性细菌性眼炎、异物损伤等
炸群		见于由鼠害、噪声等引起的惊扰
精神尚可，蹲伏于地	运动障碍，常借助翅膀或跗关节着地向前行走	见于由传染病、营养代谢病或外伤等引起的腿部疾患，如病毒性关节炎、葡萄球菌性关节炎、佝偻病等

2. 看运动姿势

健康的鸡活动自如，姿势自然、优美，站立有神，行走稳健。鸡的异常运动姿势的初步诊断见表1-11。

表 1-11 鸡的异常运动姿势的初步诊断

项　目	临床表现	初步诊断
"劈叉"姿势	表现为腿麻痹,不能站立,一腿前伸,一腿后伸	见于鸡马立克氏病
"观星"姿势	表现为两腿不能站立,仰头蹲伏	见于鸡维生素 B_1 缺乏症
"趾蜷曲"姿势	表现为两腿麻痹或趾爪蜷缩、瘫痪、不能站立	见于鸡维生素 B_2 缺乏症
"企鹅式"站立或行走姿势	表现为鸡的重心后移,无法掌握平衡	见于肉鸡腹水综合征、蛋鸡输卵管积水、蛋鸡卵巢腺癌,偶见于鸡卵黄性腹膜炎
"鸭式"步态	表现为像鸭走路一样,行走摇晃,步态不稳	见于鸡前殖吸虫病、球虫病、严重的绦虫病和蛔虫病
两腿呈"交叉"站立或行走姿势	运动时跗关节着地	见于鸡维生素 E 缺乏症、维生素 D 缺乏症,也可见于鸡弯曲杆菌性肝炎等
行走间或呈蹲伏姿势	两腿行走无力	见于鸡佝偻病、成年鸡骨软病、笼养鸡产蛋疲劳综合征、葡萄球菌或链球菌性关节炎、传染性病毒性关节炎、肌营养不良、骨折、一些先天性遗传因素所致的小腿畸形等
滑腱症	站立时患腿在超出正常的位置,行走时跛行	见于鸡锰缺乏症
向一侧倒伏	伴随头部震颤、抽搐	见于禽传染性脑脊髓炎
扭头曲颈	伴有站立不稳及翻转滚动等姿势	见于神经型新城疫、细菌性脑膜脑炎、维生素 E 缺乏症等

3. 看呼吸运动姿势

健康鸡的呼吸自如,姿势自然,呼吸频率为 20～35 次/分钟。病鸡则会出现甩头(摇头)、伸颈、张口呼吸、气喘、呼吸困难等异常姿势。

4. 看排泄物(粪便)的性状

在健康鸡的粪便中混有尿的成分,刚出壳尚未采食的幼雏,排出的胎粪为白色或深绿色稀薄液体。成年健康鸡的粪便呈圆柱状、条状，多为棕黄色，粪便表面附有少量的白色尿酸盐。一般在早晨单独排出来自盲肠的黄棕色糊状粪便，有时也混有少量的尿酸盐。鸡粪便的异常往往是疾病的征兆，其异常的初步诊断见表1-12。

表1-12　鸡异常粪便的初步诊断

形态	病因/临床表现	初步诊断
白色粪便	尿酸盐增多	见于鸡白痢、鸡肾型传染性支气管炎、鸡传染性法氏囊病、鸡内脏型痛风、磺胺药物中毒、铅中毒等
红色粪便	肠道出血	见于鸡球虫病
肉红色粪便	粪便呈肉红色，成堆如烂肉样	见于鸡绦虫病、蛔虫病、球虫病和出血性肠炎的恢复期
绿色粪便	因胆汁不能够在肠道内充分氧化而随肠道内容物排出形成	见于鸡新城疫、禽流感
黄色粪便	由肠道壁发生炎症、吸收功能下降而引起	见于患球虫病之后，或由堆型、巨型艾美球虫病同时激发厌氧菌或大肠杆菌感染而引起
黑色粪便	上消化道、胃、肠道前段出血后，血红蛋白被氧化	见于鸡小肠球虫病、鸡肌胃糜烂症、上消化道的出血性肠炎
水样粪便	高温，饲料、饮水的食盐含量高，饲料中钙含量过高，肾脏功能损伤	见于鸡食盐中毒，蛋鸡水样腹泻，肾型传染性支气管炎等
硫黄样粪便		见于鸡组织滴虫病
饲料便	表现为鸡排出的粪便和饲喂的饲料没有什么区别	见于鸡饲料中小麦的含量过高或饲料中的酶制剂部分或全部失效，偶见于鸡消化不良

四、用鼻闻

首先可对鸡吃的饲料用鼻闻，以判断其是否有因霉烂变质而散发出的霉味、腐败味；其次可对鸡喝的饮水用鼻闻，以判断其是否有因饮水器具、饮水线长期未消毒或添加药物而散发出的馊味、青苔味、药物味等；然后可对鸡舍内的气味用鼻闻，以判断鸡舍内有害气体的蓄积情况；最后可对病鸡的排泄物、分泌物用鼻闻，以判断其是否有因组织细胞的变性、坏死、脱落而散发出的特殊腥臭味，为下一步判断疾病的病因奠定基础。

五、用手摸

在进行上述检查后，可挑选有代表性的病鸡用手触摸。触诊的内容包括：机体体表的温度和湿度、皮肤的肿胀物、皮下组织的状态、胸廓及腹部内脏器官的状态等。触诊可从头部开始，逐步触摸头颈部（颈部皮下是否出现气肿、皮下水肿，嗉囊是否出现积食）、胸廓及翅、腹部、腿和关节。一般检查后的病鸡不宜放回原鸡舍，可对其作进一步的病理剖检、实验室检验或作其他的无害化处理。

第二节 病鸡的病理剖检方法

鸡的病理剖检在鸡病诊治中具有重要的指导意义，这一点已为广大临床工作者所重视。因此在养鸡场内应建立常规的病理剖检制度，鸡场中出现病、残或死鸡时应进行病理剖检，以便及时发现鸡群中存在的潜在问题，防止疾病的暴发和蔓延。

一、鸡死后的尸体变化及常见的病理变化

1. 鸡死后的尸体变化

鸡死亡后的一段时间内尸体会发生一系列变化，了解鸡死后尸体的变化，有利于和疾病所造成的病变相区别，避免混淆或误诊。

（1）**尸冷** 鸡死后，由于各器官组织的机能活动完全停止，机体不能再产生热量，而原来的体温又不断地散失，所以尸体变冷。

（2）**尸僵** 鸡死后几小时，即从头部开始，各部位的肌肉、关节变僵硬，这种现象称为尸僵。发生尸僵的顺序是颈、胸、翅膀、躯干、后肢，10~24小时尸僵完全。24~48小时后，又按原来发生尸僵的顺序缓解（变软），即解僵。

（3）**尸斑** 鸡死后，血液停止流动，积于心腔和血管内的血液，受重力的影响沉积于尸体底部的组织内，致使倒卧侧的血管充积血液，使器官、组织的颜色比非倒卧侧深，这种现象在倒卧的皮下、肺部、肝脏等处均可见到。

> **注意**
>
> 不要把这种死后变化与疾病所产生的病变相混淆。

(4) 尸体自溶和腐败 鸡死后,由于组织中酶的作用,使组织细胞溶解,称为自溶。当外界气温高,死后时间较久才剖检,常见胃肠黏膜脱落,这就是自溶现象。尸体经过一段时间(尤其是夏天),由于肠道内腐败菌的繁殖,发生腐败分解,产生大量恶臭的气体,肠管扩张,胃肠道及与其接触的器官、组织呈污绿色。

> **提示**
> 已经腐败的尸体,会给剖检工作带来很大困难,且容易误诊。

2. 常见的病理变化

(1) 出血 血液不在心脏和血管内,称为出血。如果血液流到体外,叫外出血,血液流到体腔内称内出血。血液积在组织间(如皮下、黏膜下)称血肿。渗出性出血,发生在毛细血管,多呈斑状、点状出血;当全身发生渗出性出血时,称为出血性素质。

(2) 贫血 是指全身血液中红细胞和血红蛋白减少。表现为皮肤、黏膜和肌肉苍白。

(3) 充血 由于小动脉扩张,充满血液,致使流入局部组织和器官的血量增多,称为充血。充血的局部表现为发红、肿胀,血管明显,器官体积增大。

(4) 瘀血 由于静脉回流受阻,血液瘀积在小静脉和毛细血管中,引起局部组织的静脉血含量增多,称为瘀血。瘀血的组织和器官呈暗紫色,血管怒张,切面流出很多暗红色的血液。

(5) 水肿 在组织间(如皮下、黏膜下等)蓄积过多的组织液,称为水肿;心包腔、腹膜腔、脑室等蓄积过多的组织液,称为体腔积水。皮肤水肿时的质地如面团,手指压迫可留有压痕,皮肤苍白,失去弹性。切开皮肤,见皮下的水肿液呈胶冻样。黏膜的水肿,使黏膜变厚,皱褶消失。肺水肿时,肺的体积增大,间质增宽,肺湿润,质地柔韧,切开后,从切面流出大量带泡沫的液体。

(6) 脱水 机体内水分丧失过多,或摄入不足,称为脱水。其表现为口渴、眼窝、眼球下陷,皮肤无弹性,皮下和肌肉干涩,血液浓缩。

(7) 萎缩 发育成熟的器官和组织,由于物质代谢障碍或血液供应不足而发生体积缩小和功能减退,称为萎缩。表现为器官、组织体积缩小、重量减轻,边缘变薄,被膜皱缩。

(8) 发育不全 是指器官、组织不能发育到正常的形态功能。

（9）**炎症** 是有机体对各种有害刺激物的刺激所发生的一系列复杂的防御性反应。临床上，发炎的局部呈现出红、肿、热、痛、机能障碍。临床上常见的炎症包括：①实质性炎症：以组织的变性、坏死变化为主，同时还有渗出和增生的变化，多发生在心肌、肝脏、肾脏、脑等器官。②浆液性纤维素性炎症：以渗出大量血浆蛋白为特征，此时浆膜表面粗糙不平、充血发红，浆膜腔中有大量混浊、黄色的渗出液，其中混有纤维素丝，往往由于纤维素不能全部被吸收而机化，造成浆膜的粘连。这种炎症主要发生在心包、胸膜腔和气囊。③卡他性炎症：是发生于黏膜的炎症，它以黏膜表面有大量的黏液分泌和浆液渗出为特征，发炎的黏膜肿胀、发红。根据浆液和黏液的比例，可分为浆液性卡他性炎症（以渗出大量浆液为主）和黏液性卡他性炎症。如果黏液中有大量脓细胞，使黏液呈灰黄色的脓样时，称脓性卡他性炎症。④化脓性炎症：可发生于各组织和器官，可见于器官的表面和深层，是以在炎症过程中，形成脓液为特征。因化脓菌的种类不同，脓汁的颜色也不同。⑤蜂窝组织炎：指皮下、肌间等疏松组织部位的化脓性炎症。脓性渗出物沿组织间隙广泛扩散，形成弥漫性浸润。⑥出血性炎症：指有大量红细胞渗出的炎症，除表现为黏膜红、肿，并见弥漫性出血外，肠内容物有潜血。多发生于胃肠道。⑦固膜性炎症：又称纤维素性坏死性炎症，其特点是黏膜表面渗出的纤维素与坏死的肠黏膜牢固地结合在一起，不易剥离；一般呈灰黄色，干燥无光泽并隆起；若强行剥离，则造成缺损。

（10）**变性** 是指机体在各种有害因素（如致病微生物、中毒、缺氧、发热等）的作用下，某些细胞和组织发生物质代谢或机能活动障碍。此时在细胞或细胞间质内出现异常的物理、化学性物质即为变性。脂肪变性常发生在肝脏、肾脏、心脏等器官。变性的器官表现为肿大、发黄、质脆、结构模糊不清。严重的脂肪变性，肝脏呈土黄色，质地极脆。

（11）**坏死** 动物体内局部细胞、组织的死亡称坏死。坏死有以下三种类型。①凝固性坏死：坏死的组织，由于蛋白质凝固，呈灰白或灰黄色、干燥、无光泽的状态，这种坏死多见于肝、脾、肾、肠黏膜等处。肌肉组织的凝固性坏死，呈混浊、灰白或灰黄色、干燥、坚实、状如石蜡，故又称蜡样坏死。有的坏死组织中除凝固的蛋白质外，还含有大量类脂质，使病变处呈松软、易碎、灰白或灰黄色，如豆腐渣样，故称为干酪样坏死。②液化坏死：坏死组织被化脓菌感染时，受蛋白分解酶的作用，液化成脓汁，称为液化坏死。③坏疽：组织坏死后，由于外界环境的影响和腐败菌在坏死组织中的生长，使坏死组织发生腐败，呈灰褐色或黑色。坏疽又分干性坏疽、湿性坏疽和气性坏疽。

（12）糜烂 指皮肤和黏膜的表层坏死，当坏死组织脱落后，留下浅的缺损，称为糜烂。

（13）溃疡 在皮肤和黏膜上有较深的坏死，由于坏死组织脱落，形成较深的缺损，其底部有新生的肉芽组织，称为溃疡。

（14）肉变 肺炎后期，肺泡中的纤维素性渗出物不能被溶解吸收而机化，使肺组织实变，质如肉，称肉变。

（15）脓肿 指局部组织化脓，中央形成充满脓汁的脓腔，周围有肉芽组织性脓膜。

（16）粘连 指正常情况下，互相分离或可以自由活动的器官，当发生纤维素性炎症时，由于纤维素的机化，使它们彼此连接在一起，称为粘连。此时，两层浆膜之间的连接并不牢固，可以分离。

（17）硬化 也称硬变，是指器官、组织因结缔组织增生而变硬。硬化的器官表面多呈颗粒状外观，甚至体积皱缩，也可能不缩小；反面肥厚，此时称假性肥大。

（18）肉芽肿 是一种慢性增生性炎症。其特点是在局部有特殊的肉芽组织增生，并形成结节。

（19）肿瘤 是指机体内异常生长的新细胞群，它们在功能和结构上都不同于正常的细胞，一般都形成各式各样的肿块。

（20）菌血症 是指细菌出现于循环的血液中，是败血症的早期表现，但不一定发展为败血症，在多种情况下，它只是在血中暂时存在，很快即被机体消灭。

（21）败血症 是指血流中出现大量的病原微生物及其有毒的代谢产物（毒素），广泛地损害机体的各组织、器官，出现皮肤、黏膜、浆膜的点状出血或出血斑，肝脏、肾脏、心肌变性和坏死，脾脏肿大等病理变化，常常引起动物急性死亡。

（22）毒血症 血流中由于细菌毒素和其他毒性产物的蓄积，而引起的全身中毒现象。

（23）脓血症 当组织化脓时，化脓菌不断侵入血流，并在全身各器官（如脑、心脏、肝脏、肾脏、肺等处）形成多发性转移性化脓灶并产生毒素，称脓毒败血症。

二、病理剖检的准备和注意事项

1. 病理剖检的准备

(1) 剖检地点的选择 养鸡场的剖检室应建在远离生产区的下风向。如无剖检室，需要剖检时也应选择在下风向的比较偏僻的地方，尽量远离生产区，避免病原的传播。

(2) 剖检器械的准备 对于鸡的剖检，一般有剪刀和镊子即可工作。另外可根据需要准备骨剪、肠剪、手术刀、搪瓷盆、标本缸、广口瓶、消毒注射器、针头、培养皿等，以便收集各种组织标本。

(3) 剖检防护用具的准备 工作服、胶靴、橡胶手套或一次性医用手套、脸盆或塑料小水桶、消毒剂、肥皂、毛巾等。

(4) 尸体处理设施的准备 有条件的大型鸡场应建焚尸炉或尸体发酵池，以便处理剖检后的尸体和平时鸡场出现的病死鸡。无条件的鸡场对剖检后的尸体应进行焚烧或深埋。

2. 病理剖检的注意事项

(1) 剖检人员的防护

1）在进行病理剖检前，若怀疑待检的鸡已感染的疾病可能对人有接触传染时（如鸟疫、丹毒、流感等），必须采取严格的卫生预防措施。剖检人员在剖检前换上工作服、胶靴，佩戴优质的橡胶手套、帽子、口罩等，在条件许可的条件下最好戴上细粒面具，以防吸入病鸡的组织或粪便形成的尘埃等。

2）在剖检过程中，若剖检人员不慎割破自己的皮肤，应立即停止工作，先用清水洗净，挤出污血，涂上药物，用纱布包扎或贴上创可贴；若剖检的液体溅入眼中时，应先用清水洗净，再用20%的硼酸冲洗。

3）在剖检工作完成后，所用的工作服、剖检的用具要清洗干净，消毒后保存。剖检人员应用肥皂或洗衣粉洗手，洗脸，并用75%的酒精消毒手部，再用清水洗净。

(2) 注意挑选有代表性的病（死）鸡 在进行剖检时应注意所剖检的病（死）鸡应在鸡群中具有代表性，若病鸡已死亡则应立即剖检（一般应在病鸡死后24小时内剖检，夏天则时间应相应缩短）。在条件许可的情况下应对所有死亡鸡进行剖检，以便全面掌握病死鸡群的整体情况。

(3) 严格进行病（死）鸡的尸体及剖检场地的消毒 剖检前应当用消毒药液将病（死）鸡的尸体和剖检的台面完全浸湿，剖检后的场地要进行严格消毒，避免因剖检造成二次污染。

（4）注意按剖检程序剖检　剖检过程应遵循从无菌到有菌的程序，对未经仔细检查且粘连的组织，不可随意切断，更不能将在腹腔内的管状器官（如肠道）切断，造成其他器官的污染，给下一步病原分离带来困难。

（5）注意收集病料送检　剖检人员应认真地检查病变，切忌草率行事。如需进一步检查病原和病理组织学变化，应取病料送检。

三、病理剖检的程序

1. 活鸡的宰杀

对尚未死亡的病鸡，应先将其宰杀。常用的方法有断颈法（即一手提起双翅，另一手掐住头部，将头部向颈部垂直方向快速用力向前拉扯）；颈动脉放血；静脉注射安乐死的药液、二氧化碳等。

2. 尸体消毒

将病死鸡或宰杀后的鸡用消毒药液将其尸体表面及羽毛完全浸湿，然后将其移入搪瓷盆或其他用具中进行剖检。

3. 按程序依次剖检，观察各组织器官的病理变化

（1）固定尸体　将鸡的尸体背位仰卧，在腿腹之间切开皮肤，然后紧握大腿股骨，用手将两条腿掰开，直至股骨头和髋臼分离，这样通过两腿将整只鸡的尸体支撑在搪瓷盆上。

（2）观察变化　沿中线把胸骨嵴和肛门间的皮肤纵向切开，然后向前，剪开胸、颈的皮肤，剥离皮肤暴露颈、胸、腹部和腿部的肌肉，观察皮下脂肪、皮下血管、龙骨、胸腺、甲状腺、甲状旁腺、肌肉、嗉囊等的变化。

（3）内脏的检查　用剪刀在胸骨和肛门之间，横向切开腹壁，沿切口的两侧分别向前用骨钳或剪刀剪断胸肋骨、乌喙突和锁骨，此过程需仔细操作，不要弄断大血管，然后移去胸骨，充分暴露体腔。此时应注意：

1）从整体上观察各脏器的位置、颜色变化，器官表面是否光滑、有无渗出物及性状、血管分布状况、体腔内有无液体及其性状，各脏器之间有无粘连。

2）检查胸、腹气囊是否增厚、混浊、有无渗出物及其性状，气囊内有无干酪样团块，团块上有无霉菌菌丝。

3）检查肝脏大小、颜色、质地、边缘是否钝圆，形状有无异常，表面有无出血点、出血斑、坏死点或大小不等的圆形坏死灶。检查胆囊

大小、胆汁的多少、颜色、黏稠度及胆囊黏膜的状况。

4）检查脾脏的大小、颜色、表面有无出血点和坏死点，有无肿瘤结节，剪断脾动脉，取出脾脏，将其切开检查淋巴滤泡及脾髓状况。

5）在心脏的后方剪断食道，向后牵引腺胃，剪断肌胃与背部的联系，再顺序地剪断肠道与肠系膜的联系，连同泄殖腔一起剪断，取出胃肠道。观察肠系膜是否光滑，有无结节。剪开腺胃、肌胃、十二指肠、空肠、回肠、盲肠和直肠，检查内容物的性状、黏膜、肠管的变化。

6）在直肠背侧可看到法氏囊，剪去与其相连的组织，摘取法氏囊。检查法氏囊大小，观察其表面有无出血，然后剪开法氏囊，检查黏膜是否肿胀，有无出血，皱襞是否明显，有无渗出物及其性状。

7）检查肾脏的颜色、质地、有无出血和花斑状条纹，肾脏和输尿管道有无尿酸盐沉积及其含量。

8）检查睾丸的大小和颜色，观察有无出血、肿瘤，两侧是否一致。

9）检查卵巢发育情况，卵泡大小、颜色、形态，有无萎缩、坏死和出血，有无肿瘤，剪开输卵管，检查黏膜情况，有无出血和渗出物。

10）纵向剪开心包膜，检查心包液的性状，心包膜是否增厚和混浊，观察心脏外纵轴和横轴的比例，心外膜是否光滑，有无出血、渗出物、结节和肿瘤，将进出心脏的动、静脉剪断取出心脏，检查心冠脂肪有无出血点，心肌有无出血和坏死，剖开左右两心室，注意心肌断面的颜色和质地，观察心内膜有无出血。

11）从肋骨间用剪刀挖出肺部，检查肺的颜色和质地，观察其是否有出血、水肿、炎症、实变、坏死、结节和肿瘤，观察切面上支气管及肺泡囊的性状。

（4）口腔及颈部的检查　沿下颌骨从一侧剪开口角，再剪开喉头、气管、食道和嗉囊，观察鼻孔、腭裂、喉头、气管、食道和嗉囊等的异常病理变化。此外在鼻孔的上方横向剪开鼻裂腔，观察鼻腔和鼻甲骨的异常病理变化。

（5）周围神经的检查　在脊柱的两侧，仔细将肾脏剔除，可露出腰荐神经丛；在大腿的内侧，剥离内收肌，可找到坐骨神经；将病鸡的尸体翻转，在肩胛和脊柱之间切开皮肤，可发现臂神经；在颈椎的两侧可找到迷走神经；观察两侧神经的粗细、横纹和色彩、光滑度。

（6）脑部的检查　切开头顶部的皮肤，将其剥离，露出颅骨，用剪刀从两侧眼眶后缘之间剪断额骨，再剪开顶骨至枕骨大孔，揭开脑盖骨，暴露大脑、丘脑和小脑，观察脑膜、脑组织的变化。

（7）骨骼和关节的检查 用剪刀剪开关节囊，观察关节内部的病理变化；用手术刀纵向切开骨骼，观察骨髓、骨骺的病理变化。

四、病料的采集、送检和注意事项

通过尸体剖检，仍不能做出最后的诊断，必须进行实验室检验时，或本单位对某些检验项目不能检验时，可采集病料送其他单位的实验室进行检验。根据检验目的的不同，采集运送病料的方法也不同。

1. 病料的采集

（1）送检宏观病理学检验病料 应送整只新鲜病死鸡或病重的鸡，要求送检材料具有代表性，并有一定的数量。一般只送个别病（死）鸡的脏器，在多数情况下对诊断无意义。

（2）送检病理组织学检验病料 应及时采集病料并固定，以免腐败和自溶而影响诊断。病理组织材料的固定，一般用10%福尔马林（甲醛）溶液，固定液要充足，最好为被固定组织的10倍，固定容器最好使用广口瓶。肠因壁薄而极易卷曲，应贴在较硬的纸片上再固定。所采集的组织应包括病灶及其临近的正常组织，以便于对比观察。取材要完整，应包括器官的主要结构。所取的材料要有标记，以免混淆。

（3）送检毒物学检验的病料 要求盛放材料的容器要清洁，无化学杂质，不能放入防腐消毒剂。送检的材料应包括肝脏、胃、肠内容物，怀疑中毒的饲料、饮水、药物等样品。也可送检整只病（死）鸡的尸体。每一个病料应该单放在一个容器内，互相不要混合。

（4）送检细菌学、病毒学检验的病料

1）不同的传染病：应根据微生物在组织器官中的分布情况来决定采取病料的种类，在无法判断是哪种传染病时，可进行全面的采取。为避免污染杂菌，病变的检查应待取材完毕后进行。进行病毒分离的病料应采自发病早期典型的病例，病程较长的鸡不宜用于分离病毒。病鸡扑杀后应以无菌操作法剖检尸体和采取病料。不同传染病所采病料不同，以禽流感为例，最好的检验病料为气管、肺、脑组织，应优先采集，高热期的血液中也有较高含量的病毒。另外，脾脏、肝脏、肾脏和骨髓也可作为病毒分离的材料。病毒病料处理，按1克组织加入5～10毫升灭菌的生理盐水进行研磨，每毫升研磨液中加入青霉素和链霉素各1 000国际单位，置入4℃冰箱作用2～4小时或37℃处理1小时后，以1 500转/分钟离心10

分钟，取上清液作为接种材料。

2）脓汁：用灭菌注射器或吸管抽取或吸出脓肿深部的脓汁，置于灭菌试管中。若为开口的化脓灶或鼻腔时，则用无菌棉签浸蘸后，放在灭菌试管中。

3）内脏：将心脏、肺、肝脏、脾脏、肾脏等有病变的部位各采取1~2厘米的小方块，分别置于灭菌试管或平皿中。

4）血液：全血，采集1~10毫升，立即注入盛有5%枸橼酸钠溶液1~10毫升的灭菌试管中，搓转试管混合片刻后即可。血清，以无菌操作采集血液1~10毫升于灭菌试管中，待血液凝固、析出血清后，吸出血清置于另一灭菌试管或小瓶内，待检。

5）肠：如果仅采集肠内容物，则用烧红的刀片或铁片将欲采取的肠表面烙烫后穿一小孔，将灭菌棉签插入肠内，以便采取肠内容物；也可用线扎紧一段肠道（约6厘米）的两端，然后将两端切断，置于灭菌器皿内。

6）皮肤：取大小约10毫米×10毫米的皮肤1块，保存于30%甘油缓冲溶液中。

7）脑脊髓：如采集脑、脊髓作病毒检查，可将脑、脊髓浸入50%甘油盐水液中。也可将整个头部割下，装入灭菌的塑料袋中送检。

8）供显微镜检查用的脓、血液及黏液玻片：先将材料置玻片上，再用一灭菌玻棒均匀涂抹或另用一玻片抹之。组织块、致密结节及脓汁等也可压在两张玻片中间，然后沿水平面向两端推移。用组织块作触片时，用镊子将组织块的游离面在玻片上轻轻涂抹即可。

2. 病料的送检

整只病（死）鸡的尸体应放入塑料袋中密封或真空包装送检；固定好的病料可放入广口瓶中送检；毒物学检验病料应由专人保管、送检。

3. 病料采集、送检的注意事项

（1）**取材时间**　内脏病料的采集，须于鸡死后立即进行，最好不超过6小时，时间过长，肠内其他细菌侵入，会使尸体腐败，不利于病原菌的检出。

（2）**器械的消毒**　刀、剪、镊子等用具可煮沸消毒30分钟，使用前最好用酒精擦拭，并在火焰上灼烧。器皿（玻制、陶制等）在高压灭菌器内或干烤箱内灭菌，或放于0.5%~1%碳酸氢钠水溶液中煮沸。软木塞和橡皮塞置于0.5%苯酚水溶液中煮沸10分钟。载玻片应在1%~2%碳酸氢钠水溶液中煮沸10分钟，水洗后再用清洁纱布擦干，将其保存于等份的酒精、乙醚液中备用。注射器和针头放于清洁水中煮沸30分钟即可。

> **注意**
>
> 采集一种病料，使用一套器械与容器，不可再用其采集其他病料或容纳其他脏器材料。

(3) 送检材料要有详细的说明 包括送检单位、地址、鸡的品种、性别、日龄、病料的种类、数量、保存及固定的方法、死亡日期、送检日期、检验目的、送检人的姓名。并附临床病例的情况说明（发病时间、临床症状、死亡情况、产蛋情况、免疫及用药情况等）。

五、鸡病诊断的流程

鸡病诊断的流程见图1-2。

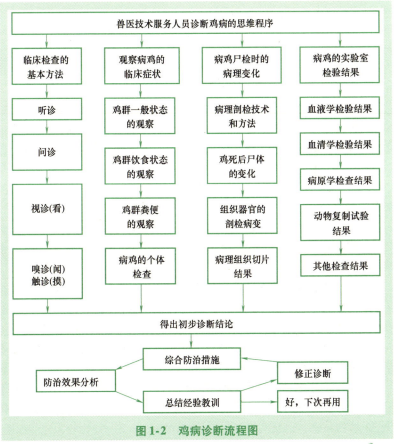

图1-2　鸡病诊断流程图

第三节 鸡病诊断的建立及产生误诊的原因

一、疾病诊断的要求及分类

1. 疾病诊断的要求

一个完整的诊断，要求做到：表明主要病理变化的部位；指出组织、器官病理变化的性质；判断机能障碍的程度和形式；阐明引起病理变化的原因。例如，亚急性细菌性心内膜炎，相对来说是一个比较完整的诊断。

> **提示**
>
> 临床上，由于种种原因，有时很难得出完整的诊断，但也要包含上面所要求的一项或两项内容。

2. 诊断的分类

按诊断所表达内容的不同，可分为症状诊断、病理形态学诊断、原因诊断、机能诊断和发病学诊断等。

（1）**症状诊断** 仅以症状或一般机能障碍所做出的诊断，如发热、咳嗽、腹泻、跛行、抱窝等。因为同一症状可见于不同的疾病，且不能说明疾病的性质和原因，所以这种诊断的价值不大，尽可能不要做出此类诊断。

（2）**病理形态学诊断** 根据患病器官及其形态学变化所做出的诊断，如溃疡性口炎、支气管肺炎、卵黄性腹膜炎等。这种诊断一般可以指出病变的部位和疾病的基本性质，但仍未说明疾病的发病原因，对于制定预防措施帮助不太大，但作为一般的治疗依据还是适用的。

（3）**原因诊断** 这种诊断能表明疾病发生的原因，对于疾病防治很有帮助，如鸡传染性法氏囊病、大肠杆菌病、球虫病、曲霉菌病、一氧化碳中毒、维生素 B_1 缺乏症、锰缺乏症等。

（4）**机能诊断** 表明某一器官机能状态的诊断，如蛋鸡肾脏功能不全、肉鸡心功能不全等。

（5）**发病学诊断** 是指阐明发病原理的诊断。这种诊断不但阐明了疾病发生的具体原因，而且说明了疾病的发展过程，疾病的发生与机体内在矛盾的关系，以及病理过程的趋向和转归，是一种比较完善的诊断，如营养性继发性甲状旁腺机能亢进症、过敏性休克等。

二、疾病诊断的步骤及方法

1. 疾病诊断的步骤

在疾病诊疗过程中,建立正确的诊断,通常是按照以下3个步骤来进行的,即:调查病史,搜集症状;分析症状,建立初步诊断;实施防治,验证诊断。

(1) 调查病史,搜集症状 调查病史就是对鸡群过去的发病情况进行了解。完整的病史对于建立正确的诊断是非常重要的,要得到完整的病史资料,应全面、认真地进行调查,同时要克服调查过程中的主观性和片面性,避免造成误诊。除调查病史外,更为重要的是对病鸡进行细致的检查,全面地搜集症状。搜集症状要依据疾病的发展进程随时观察和补充,因为每次对病鸡的检查,都只能看到疾病全过程中的某个阶段的变化,只有综合各个阶段的变化,才能对疾病获得较完整的认识。在搜集症状的过程中,要善于及时归纳,不断地做分析,以便发现新线索,一步步地提出要探索检查的项目。具体来说,在调查病史之后,要对鸡场主人或饲养员所讲述的材料进行分析,以便大体确定可能是普通内、外科病,或是传染病与中毒病,然后在一般检查、系统检查、特殊检查与实验室检查之后,及时归纳与总结,为最后的综合分析做准备。

(2) 分析症状、建立初步诊断 临床工作中,所调查的病史材料或临床症状,都是比较零乱和不系统的,必须进行整理归纳,或按时间先后顺序排列,或按各系统进行归纳,这样才便于发现问题。此外还必须经过科学地分析,区别主要症状与次要症状的关系、局部和整体的关系、共性与个性关系、现象与本质的关系,同时注意考虑它们之间有无内在联系,彼此有无矛盾。只有把由一般检查所搜集到的临床症状与实验室检验和特殊检查的结果进行纵横剖析,连贯起来思考、分析各种检查结果之间的内在联系,才能提出正确的诊断。

(3) 实施防治、验证诊断 在运用各种检查手段,全面客观地搜集病史、症状的基础上,通过思考加以整理、建立初步诊断之后,还须拟订和实施防治计划,并观察这些防治措施的效果,以此验证初步诊断的正确性。一般地说,防治措施显效的,证明初步诊断是正确的;无效则证明初步诊断是错误的或不完全正确,要重新认识,修订诊断。

> **注意**
>
> 如果搜集症状不全,或先入为主,主观臆断,就根据片面或主观、客观相分离的症状下诊断,难免得出错误的诊断;如果对搜集的症状,不加分析,主次不分,表里不明,那么对疾病的认识就只能停留在表面现象上,无法深入疾病的本质;如果建立初步诊断之后,就完事大吉,不去验证,那就无从纠正错误的认识,不能达到建立正确诊断的目的。

2. 疾病诊断的方法

诊断的方法,通常采用以下两种,即论证诊断法和鉴别诊断法。

(1) 论证诊断法 就是在检查患病鸡所搜集的症状中,分出主要症状和次要症状,按照主要症状设想出一个疾病,把主要症状与所设想的疾病,互相对照印证,如果用所设想的疾病能够解释主要症状,且又和多数次要症状不相矛盾,便可建立诊断。

有一定临床经验的兽医,大多愿意使用论证诊断法,因为它比较简便,不需要像鉴别诊断法那样罗列许多病名,经逐个进行淘汰后,才能得出疾病的诊断。尤其当症状暴露得比较充分,或出现典型症状或示病症状,使疾病变得比较明显时,运用论证诊断法就比较适宜。反之,如果症状不够完备,疾病暴露不充分,缺乏临床经验,则以使用鉴别诊断法为宜。

> **提示**
>
> 对初学者,在论证诊断时容易出现生搬硬套的现象,按照书本描述去与患病鸡出现的发病情况机械对照,却忽略了即便同一种疾病,其病程、病情不同,所表现的症状不尽相同,患病动物个体的差异,也会使临床表现不尽一样,所以应学会对具体案例具体分析,只有这样才能深刻认识疾病的本质和规律,避免主观臆断和生搬硬套。

(2) 鉴别诊断法 在疾病的早期,症状不典型或疾病复杂,找不出可以确定诊断的依据来进行论证诊断时,可采用鉴别诊断法。其具体方法是:先根据一个主要症状,或几个重要症状,提出多个可能的疾病,这些疾病在临床上比较近似,但究竟是哪一种,须通过相互鉴别,逐步排除可能性较小的疾病,逐步缩小鉴别的范围,直到剩下一个或几个可能性较大的疾病，也叫排除诊断法。

在提出待鉴别的疾病时，应尽量将所有可能的疾病都考虑在内，以防止遗漏而导致错误的诊断。但是考虑全面，并不等于漫无边际，而是要从实际所搜集的临床资料出发，抓住主要矛盾来提出病名。一般是先想到常见病、多发病和传染病，因为这些疾病的发病率高。除此以外，也要想到少见病和罕见病，特别是与常见病、多发病的一般规律和临床经验有矛盾时，更应注意。在实行鉴别诊断时，应根据什么来排除或否定那些可能性较小的疾病呢？主要依据所提出的疾病能否解释病禽所呈现的全部临床症状，是否存在或出现过该病的固定症状、典型症状与示病症状，如果提出的疾病与患病动物呈现的临床症状有矛盾，则所提出的疾病就可以被否定。经过这样的几次淘汰，可筛选出一个或两个可能性较大的疾病。

兽医临床上常用的鉴别诊断包括：症状鉴别诊断法和病变鉴别诊断法。两者相辅相成，是鸡病，尤其是鸡群发性疾病鉴别诊断常用的两根拐杖。

1）症状鉴别诊断。症状鉴别诊断是以主要或典型症状为线索，将相关疾病罗列出来，通过相互鉴别，逐步排除可能性较小的疾病，逐步缩小鉴别的范围，直到剩下一个或几个可能性较大的疾病。

2）病变鉴别诊断。病变鉴别诊断是从剖检病理变化出发，以主要或典型病变为线索，将相关疾病罗列出来，通过相互鉴别，逐步排除可能性较小的疾病，逐步缩小鉴别的范围，直到剩下一个或几个可能性较大的疾病。

三、鸡群发性疾病的分类和诊断

当鸡群中一部分、大部分乃至全群同时或相继发病、在临床表现和剖检变化上基本相同或相似时，即可怀疑为群发性疾病。因其严重损害生产和经济效益，最为兽医和养鸡者关注。

1. 鸡群发性疾病的分类

（1）传染病 由各种致病病原微生物所引发的一类群发病。按其病原可分为病毒病、细菌病、立克次体病、支原体病、衣原体病；按其病程又可分为最急性型、急性型、亚急性型和慢性型。

（2）寄生虫病 由各种寄生虫所引发的一类群发病。按其病原可分为蠕虫病（吸虫病、绦虫病、棘头虫病、线虫病）、昆虫蜱螨病和原虫病。

按其病程又可分为急性型、亚急性型、慢性型和隐袭型（亚临床型）。

（3）中毒病 由各种有毒物质所引发的一类群发病。包括饲料中毒、农药中毒、矿物质中毒、有毒植物中毒、真菌毒素中毒、动物毒中毒等。

（4）营养代谢病 因营养物质摄入不足或过剩、营养物质吸收不良、营养物质需求增加、参与物质代谢的酶缺乏和内分泌机能障碍所致的一类群发病。营养代谢病包括营养物质摄入不足或需求增加造成的营养缺乏病；营养物质的吸收、利用和代谢异常造成的代谢障碍病。

（5）遗传病 因基因突变或染色体畸变所引发的一类群发病。包括遗传性代谢病、遗传性血液病、遗传性免疫病、遗传性神经-肌肉疾病、遗传性心脏血管病、遗传性内分泌腺病以及其他遗传病。

2. 鸡群发性疾病的归类诊断

鸡群发性疾病归类诊断的依据主要是：①是否具有传染性，其传播方式是水平传播、垂直传播还是不能传播。②起病和病程是起病急、病程短还是起病缓、病程长。③是否发热。④是否有典型的肉眼可见变化。是否有足够数量肉眼可见的寄生虫存在。⑤是否有接触毒物的病史等。鸡群发性疾病的归类诊断思路如图1-3所示。

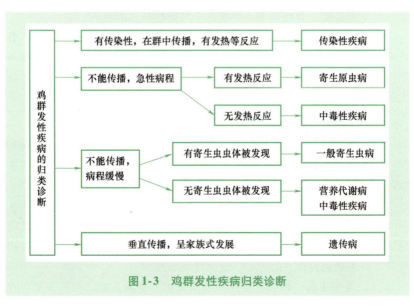

图1-3　鸡群发性疾病归类诊断

3. 鸡群发性疾病的病性论证诊断

鸡群发性疾病在经过大类归属诊断之后，还必须进行病性论证诊断加以认定。鸡群发性疾病病性的论证诊断思路如图 1-4～图 1-8 所示。

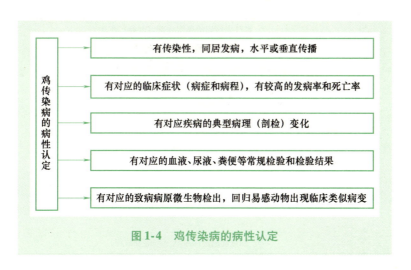

图 1-4　鸡传染病的病性认定

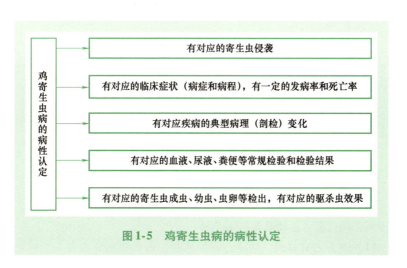

图 1-5　鸡寄生虫病的病性认定

图1-6　鸡中毒病的病性认定

图1-7　鸡营养代谢病的病性认定

四、建立正确诊断的条件和产生错误诊断的原因

1. 建立正确诊断的条件

对疾病做出正确诊断，是对动物疾病实施合理有效治疗的基础。要使诊断正确可靠，必须具备以下条件。

（1）充分占有材料　建立正确的诊断，首先要充分占有关于病鸡的第一手资料。为此，要对发病原因，病鸡呈现的症状，以及血、尿、粪的变化，通过病史调查、临床检查、实验室检验，必要时辅助特殊检查，

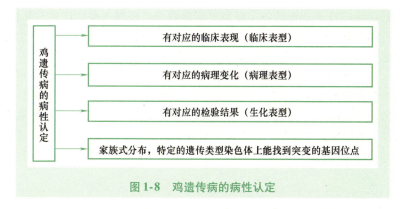

图1-8 鸡遗传病的病性认定

加以全面了解。不能单凭问诊或几个症状，简单地建立诊断。在实际工作中，有时因时间仓促、设备不全和其他条件的限制，或因病鸡亟待处理来不及作细致周密的检查，但绝不能强调客观困难，而应积极创造条件，以期占有全部临床资料。而系统、有计划地实施顺序检查，是达到全面而不致遗漏主要症状的捷径。

注意

临床上，由于临床检查疏忽而发生误诊的，并非个别。所以，养成按顺序检查的习惯是非常必要的。

（2）保证材料客观、真实 在检查病鸡、搜集症状时，不能先入为主，或"带着疾病"去搜集症状。搜集症状要如实反映病鸡的情况，避免牵强附会，不能认为有什么样的病史，一定会出现什么样的症状，因为疾病过程是千变万化的，同种疾病并不一定出现相同的症状。虽然在接触到病鸡，尤其在进行了一般检查和某个重点系统检查后，会不断考虑某些怀疑和可能，也允许有某种假设，但这些假设都应建立在科学的基础之上，并且要有实际根据和比较圆满的解释，尤其不要局限在少数的假定范围之内，而应尽可能广开思路，针对所有可能的疾病进行补充检查，以建立正确的诊断。

（3）用发展的观点看待疾病 任何疾病都是不断发展变化的，每次检查，都只能看到疾病全过程中的某个阶段的表现，因此必须在发展变化中看待疾病，只有综合多个阶段的表现，才能获得较完整的资料和疾病的全貌。用发展的观点看待疾病，就是要正确评估疾病每个阶段所出现的症状的意义，按照各个现象之间的联系，根据主要、次要、共性、个性的关系，阐明疾病的本质，既不应把现实的疾病与成书记载的生搬硬套，也不能只根据某个阶段的症状一成不变地确定诊断。

（4）全面考虑、综合分析　在提出一组待鉴别的疾病时，应尽可能将全部有可能存在的疾病都考虑在内，以防遗漏而导致错误的诊断。对临床检查结果和实验室检验结果要结合起来分析，既要防止片面依靠实验室检验结果建立诊断，也要避免忽视实验室检验结果的倾向。即使一两次实验室检验某一疾病为阴性结果，也往往不足以排除其存在的可能。

> **提示**
>
> 建立正确诊断，一是要实事求是地反映病鸡及其疾病的实际情况，防止主观片面；二是用发展的观点看待事物，避免孤立静止地看待疾病。

2. 产生错误诊断的原因

错误的诊断，是造成疾病防治失败的主要原因，它不仅造成个别鸡的死亡或影响其经济价值，而且可能造成疫病蔓延，使鸡群遭受危害。导致错误诊断的原因多种多样，概括起来可以有以下4个方面。

（1）病史不全　病史不真实，或者对发病情况的了解不多，对建立诊断的参考价值极为有限。例如，病史不是由饲养管理人员提供的，或者是为了推脱责任而作了不真实的回答，或者以其主观看法代替真实情况，对过去治疗经过、用药情况及免疫接种等叙述的不具体，以致临床兽医不能真正掌握第一手资料，从而发生误诊。

（2）条件不完备　由于时间紧迫、器械设备不全、检查场地不适宜等原因导致检查不够细致和全面，也往往使诊断不够完善，甚至造成错误的诊断。

（3）疾病复杂　疾病比较复杂，不够典型，症状不明显，而又急于做出诊治处理，在这种情况下，建立正确诊断比较困难，尤其对于罕见的疾病和本地区从来未发生过的疾病，由于初次接触，容易发生误诊。

（4）业务不熟练　由于缺乏临床经验，检查方法不够熟练，检查不充分或未按检查程序进行检查，认症辨症能力有限，不善于利用实验室检验结果分析病情，诊断思路不开阔，而导致错误的诊断。

第二章 鸡异常临床症状及其关联症状与初步诊断

疾病是各种因素和动物机体相互作用产生的结果,由于病原具有一定的嗜组织特异性,或病因的本质特点,使动物群体发病有一定的规律可循,因此,可根据群体的临床表现对疾病进行临床诊断。而动物疫病病原的确定需要遵循一定的原理,遵循一定的准则和程序,经过实验室检验后才能最后下结论。下面的诊断是以鸡的一个主要或典型异常临床症状为主线,结合伴随的临床症状,做出的初步印象诊断,必要时需采样进行实验室化验,以便最后确诊。

第一节 鸡群的群体表现与初步诊断

一、突然死亡

鸡群突然死亡的初步诊断见表2-1。

表2-1 鸡群突然死亡的初步诊断

死亡情况	临床症状及其关联症状	初步诊断
大批死亡	突然发病,体温升高,眼结膜潮红、充血,呼吸困难,冠、髯发紫,排黄色或黄绿色稀便,跗骨鳞片出血,有神经症状,2~3天死亡殆尽;剖检见腺胃乳头轻度出血,胰腺出血和坏死,其他实质脏器出血	高致病性禽流感
	体温升高,口、鼻排出黏液,摇头,伸颈,张口呼吸,冠、髯呈暗红色,嗉囊积液,排黄绿色稀粪,死亡率在90%以上;剖检见腺胃乳头出血,小肠黏膜有枣核状出血,直肠黏膜呈条纹状出血,鼻腔、喉气管内充满黏液,黏膜充血、出血,心冠脂肪出血	典型新城疫

31

（续）

死亡情况	临床症状及其关联症状	初步诊断
大批死亡	2~15周龄的鸡突然发病，初、中期体温升高，眼窝凹陷，趾爪干枯，排白色石灰水样粪便，频频啄肛，死亡率可达40%；剖检见法氏囊肿胀、充血、出血、坏死，胸肌和腿肌条纹状出血，腺胃与肌胃交界处的黏膜有条状出血带，肾脏肿大呈花斑样，输尿管扩张，内有尿酸盐沉积	鸡传染性法氏囊病
	20~50日龄鸡，早期出现轻微的呼吸道症状，发病后10~12天出现严重的全身症状，排白色石灰水样稀粪，脱水，脚趾干枯，或出现严重的呼吸困难，死亡率可达45%；剖检见肾脏肿大，外观呈花斑状，肾小管和输尿管扩张，充满白色的尿酸盐，或出现两侧支气管堵塞	肾型或支气管堵塞型传染性支气管炎
	1月龄以内的鸡出现两次发病高峰，病鸡走路不稳，头颈部震颤，共济失调或完全瘫痪，死亡率可达50%；剖检见脑水肿，脑表面有针尖大的出血点	禽脑脊髓炎
	1周内的雏鸡严重腹泻，怕冷、扎堆；剖检见腹腔内有未被吸收的卵黄囊，有"三炎"（心包炎、肝周炎和气囊炎）病变	败血性大肠杆菌病
	体温升高，呼吸困难，甩头，剧烈腹泻；剖检见肝脏有针头大小的出血点，心冠脂肪有刷状缘出血，肠道出血；心血涂片、肝脏触片美兰染色有两极浓染的小杆菌	急性禽霍乱
	1月龄以内的鸡排出白色糊状或带绿色的稀粪，沾染肛门周围的绒毛，呼吸急促继而呼吸困难，喜欢靠近热源、扎堆，死亡率可达20%；剖检见卵黄吸收不良，呈污绿色或灰黄色奶油样或干酪样，肾脏因充满尿酸盐而扩张呈花斑状；或肝脏呈古铜色，有白色坏死点	鸡白痢或鸡副伤寒
	呼吸困难，常伸颈张口吸气，细听有气管啰音，有时摇头，连续打喷嚏；剖检见肺有同心圆样肉芽肿结节；仔细检查发现垫料或饲料霉变	鸡曲霉菌病

（续）

死亡情况	临床症状及其关联症状	初步诊断
大批死亡	15~60日龄的鸡冠、髯苍白，排红色或黑褐色粪便，死亡率可达60%；剖检见受侵害的肠段外观显著肿大，肠腔内充满大量新鲜血液和血凝块或混有血液的黄色干酪样物质	鸡球虫病
	2~6周龄的鸡，早期常无明显症状而突然死亡；病程稍长时，食欲减退，生长发育缓慢，消瘦、贫血，鸣叫，运动失调，角弓反张，死亡率可达100%；剖检见肝脏肿大，色浅或变黄，表面有出血斑点，胆囊扩张，肾脏苍白肿大，仔细检查发现垫料或饲料霉变	黄曲霉毒素中毒
	鸡冠、头面部及肉髯苍白或青紫，可视黏膜黄疸，排酱油状或灰白色稀粪，产蛋率急剧下降；剖检见血液稀薄，凝血时间延长，皮下、胸肌及腿内侧肌肉有点状或斑状出血，腺胃、肌胃角质膜下层可能出血；肠道可见点状和斑块状出血，盲肠内含有血液；肝脏肿大，呈紫红或黄褐色；有长期或大量使用磺胺类药物的病史	磺胺类药物中毒
	鸡冠呈樱桃红色，烦躁不安，呼吸困难，运动失调，昏迷、嗜睡，头向后仰；剖检见血液呈鲜红色或樱桃红色，肺颜色鲜红，嗉囊、胃肠道内空虚，心脏、肝脏、脾脏肿大，心肌坏死；鸡舍内用燃煤取暖	一氧化碳中毒
	体温升高可达43℃，伸颈张口，急速喘息，烦渴频饮，水泻，上层鸡笼的鸡死亡较多；炎热季节未及时开启降温设备，或停电后未开启备用降温设施，或降温设施损坏	中暑
少量死亡	无任何临床症状	多见于鸡疫病发生的最急性期
	鸡在发病前无任何征兆，突然失去平衡，向前或向后跌倒，翅膀剧烈拍动，发出尖叫声，肌肉痉挛而死，死亡率达0.5%~5%	肉鸡猝死综合征

(续)

死亡情况	临床症状及其关联症状	初步诊断
少量死亡	突然发病,站立不稳、侧卧、走路姿势异常、尖叫、头部震颤、瘫痪、昏迷,发育良好的公鸡发病率高,死亡高峰在12~16日龄,4%~8%的死亡率持续2~3天,呈典型的尖峰死亡曲线	肉鸡低血糖-尖峰死亡综合征
	重型鸡及肥胖鸡在下腹部可以摸到厚实的脂肪组织;剖检见皮下、腹腔及肠系膜均有大量的脂肪沉积,肝脏肿大,呈黄色油腻状,表面有出血点和白色坏死灶,质脆易碎,有的鸡会出现肝破裂而发生内出血	蛋鸡脂肪肝综合征

二、饮水异常

鸡群饮水异常的初步诊断见表2-2。

表2-2 鸡群饮水异常的初步诊断

饮水情况	临床症状及其关联症状	初步诊断
增加	鸡机体发热;或天气炎热,降温措施不当或没有降温设施	鸡的发热性疾病、热应激
	早期缺水	水槽数量不足或水线压力不够,供水不足
	鸣叫、站立不稳,极度亢奋、惊厥,头颈扭转,有误食食盐病史	食盐中毒
	头肿,贫血,产蛋率下降,兴奋、痉挛、腹泻,有磺胺类药物用药病史	磺胺类药物中毒
	贫血,腹泻,便中带血,雏鸡角弓反张;饲喂霉变饲料	黄曲霉毒素中毒
	血便,有较高的死亡率,粪便无孕节	鸡球虫病早期
	血便,粪便有孕节	鸡绦虫病
	高发病率、低或无死亡率,水样腹泻,对产蛋率几乎无影响	蛋鸡水样腹泻综合征

（续）

饮水情况	临床症状及其关联症状	初步诊断
减少	明显减少	饮水温度过高或过低，水变质或有（药物）异味
	饮欲废绝	重症患鸡的后期或濒死期

三、食欲异常

鸡群食欲异常的初步诊断见表2-3。

表2-3　鸡群食欲异常的初步诊断

采食情况	临床症状及其关联症状	初步诊断
减少或废绝	食欲突然下降，且大批死亡	参见表2-1突然死亡中"大批死亡"的相关鸡疫病的叙述
	饲料品质不良（如发霉、腐败），饲料或饲喂制度的突然改变，饲养环境的突然变换，免疫接种等	各种中度或强烈应激
	消瘦，生长缓慢或生长发育不良	参见表2-4消瘦、生长缓慢中相关鸡病的叙述
	口腔黏膜的炎症	黏膜型鸡痘
	流涕、流泪，眼睑肿，眶下窦肿胀，鼻窦炎，气喘，咳嗽；剖检见气囊浑浊，有较大的黏液和渗出物	鸡毒支原体病
	奇痒、不安，生产性能降低	鸡羽虱病
	器官黏膜受损，上皮角化不全，视觉障碍，肾脏肿大，输尿管充满尿酸盐	维生素A缺乏症
	皮肤广泛水肿，角弓反张呈"观星"姿势	维生素B_1缺乏症
	贫血，肌胃糜烂，肝脏肥大，脂肪变性、坏死，呈"趾蜷曲"姿势	维生素B_2缺乏症
	滑腱症，蛋的孵化率明显下降	锰缺乏症
	食欲废绝	营养衰竭症或鸡的濒死期

（续）

采食情况	临床症状及其关联症状	初步诊断
增加	肉鸡增重或蛋鸡的生产性能无明显变化	饲料的能量不足，或鸡患有某些线虫、绦虫病等
	断料或限饲时间过长	事先供料不足，蛋鸡强制换羽

四、消瘦、生长缓慢

鸡群生长情况的初步诊断见表 2-4。

表 2-4 鸡群生长情况的初步诊断

生长情况	临床症状及其关联症状	初步诊断
消瘦	腹泻，粪便血红色，发育迟缓；剖检见受侵害肠腔内充满大量新鲜血液和血凝块；粪便镜检见大量球虫卵囊	鸡球虫病
	渐渐消瘦，不爱活动，羽毛松乱，鸡冠苍白；剖检在小肠内可见到蛔虫	鸡蛔虫病
	可视黏膜苍白或黄染，肠炎，腹泻，有时带血；剖检在小肠内可发现大型绦虫的虫体，小型绦虫则要用放大镜仔细寻找；粪便有孕节	鸡绦虫病
	呼吸困难、咳嗽、打喷嚏，或呼吸极度困难，伸颈、张口，呼吸次数增加，腹泻	禽隐孢子虫
	奇痒、不安，因啄痒而伤及皮肉，羽毛脱落，生产性能降低	鸡羽虱病
	渐进性消瘦，下痢，冠、髯苍白，肿瘤主要发生于脾脏、肝脏和法氏囊，也见于肾脏、肺、心脏和骨髓	鸡白血病
	逐渐消瘦，流涕、流泪，眼睑肿，眶下窦肿胀，鼻窦炎，气喘，咳嗽；剖检见气囊浑浊增厚，有较大的黏液和渗出物	鸡毒支原体病
生长缓慢或生长发育不良	病鸡衰弱，行动迟缓，鸡冠、肉髯等可视黏膜苍白、喙、脚黄白色，翅膀皮炎或呈现蓝翅，腹泻；剖检见血稀如水，血凝时间延长，胸腺显著萎缩甚至完全退化，呈暗红褐色，骨髓褪色	鸡传染性贫血病

（续）

生长情况	临床症状及其关联症状	初步诊断
生长缓慢或生长发育不良	病鸡瘦小（矮小），羽毛发育不良。剖检见胸腺和法氏囊萎缩，并有腺胃炎、肠炎、贫血、外周神经肿大等	网状内皮细胞增殖症肿瘤病型
	器官黏膜受损，上皮角化不全，视觉障碍，胚胎畸形，肾脏肿大，输尿管充满尿酸盐，呈花斑状	维生素A缺乏症
	胚胎发育受阻，雏鸡生长不良，贫血，呈"趾蜷曲"姿势；剖检见肌胃糜烂，肝脏肥大、脂肪变性、坏死	维生素B_2缺乏症
	生长停滞，皮肤发炎，羽毛粗糙，易脱落，毛囊出血，贫血，癫痫，软腿	维生素B_6缺乏症
	发育迟缓，羽毛生长不良，有食粪癖，贫血；剖检见心肌肥大，肝脏肥大、脂肪变性、坏死	维生素B_{12}缺乏症
	喙和爪柔软易弯曲，羽毛生长不良，有异食癖行为。雏鸡表现为佝偻病、软脚病，成鸡表现为骨软症、产软壳蛋、薄壳蛋等	维生素D缺乏症
	骨骼肌、心肌营养不良、变性，渗出性素质，繁殖机能及免疫力下降；剖检见小脑软化，胰腺变性；镜检见肝细胞坏死	维生素E-硒缺乏症
	皮炎，羽毛发育不全、脱落，肝脏稍肿大、污黄色或暗红色	泛酸缺乏症
	皮肤发炎、有化脓性结节，羽毛稀少、蓬乱、无光泽，腿部关节肿大，腿骨弯曲、变粗，软脚病	叶酸缺乏症
	胫骨增粗，皮肤、趾爪炎症；剖检见肝脏苍白、肿大，脂肪增多、小叶有出血	生物素缺乏症
	发育受阻，骨短粗，脂肪肝，肝被膜有时破裂、内有血凝块	胆碱缺乏症
	发育受阻，脂肪肝综合征，滑腱症，种蛋的孵化率明显下降	锰缺乏症

（续）

生长情况	临床症状及其关联症状	初步诊断
生长缓慢或生长发育不良	贫血、兴奋、痉挛、腹泻、产蛋率下降；剖检见肝脏、肾脏肿大、土黄色；有长期使用磺胺类药物的病史	磺胺类药物中毒
	贫血、腹泻、便中带血、雏鸡角弓反张；剖检见肝脏肿大、坏死、硬化、全身浆膜出血；有饲喂霉变饲料的病史	黄曲霉毒素中毒

五、被羽情况

鸡群被羽情况的初步诊断见表2-5。

表2-5　鸡群被羽情况的初步诊断

被羽情况	临床症状及其关联症状	初步诊断
被羽不正常	羽毛脱落，无死亡	饲养管理不善
	颈部羽毛脱落，精神状态及各种临床体征无变化	颈部与鸡笼摩擦
	羽毛脱落，有皮肤损伤和出血	啄癖
	羽毛蓬松，有的羽毛断裂，羽毛中可见到虱子或螨虫	鸡羽虱或羽螨病
	羽毛松乱，易拔落，软颈	肉毒梭菌毒素中毒
	羽毛蓬松、逆立	鸡的热性传染病
	羽毛稀少或脱色	叶酸缺乏症
羽毛生长不良	羽毛粗糙，易脱落，毛囊出血，贫血，癫痫，软腿	维生素B_6缺乏症
	发育迟缓，有食粪癖，贫血；剖检见心肌肥大、肝脏肥大、脂肪变性、坏死	维生素B_{12}缺乏症
	喙和爪柔软易弯曲，羽毛生长不良，有异癖行为	维生素D缺乏症
	羽毛发育不全、脱落，肝脏稍肿大、污黄色或暗红色	泛酸缺乏症

六、产蛋率下降

鸡群产蛋情况的初步诊断见表 2-6。

表 2-6 鸡群产蛋情况的初步诊断

产蛋情况	临床症状及其关联症状	初步诊断
突然大幅下降	有大批鸡的急剧死亡	参见表 2-1 突然死亡中"大批死亡"的相关鸡疫病的叙述
	饲料品质不良（如发霉、腐败），饲料或饲喂制度的突然改变，饲养环境的突然变换，免疫接种等	各种中度或强烈应激
	每天下降 2%~4%，持续 2~3 周，下降幅度最高可达 30%~50%，死亡率在 3% 左右；剖检见卵泡充血、变形或脱落，或发育不全，卵巢萎缩或出血	鸡产蛋下降综合征
	病鸡伸颈、张嘴、喘气、打喷嚏，不时发出"咯咯"声，并伴有啰音和喘鸣声，咳嗽，甩头并咳出血痰和带血液的黏性分泌物。产蛋率快速下降，产蛋高峰期产蛋率下降 10%~20% 的鸡群，约 1 个月后恢复正常，死亡率低。而产蛋下降超过 40% 的鸡群很难恢复；剖检病见喉头和气管黏膜肿胀、充血、出血、甚至坏死，气管内有血凝块、黏液，浅黄色干酪样渗出物	鸡传染性喉气管炎
小幅下降	有一定的死亡率，剖检有"三炎"病变	鸡大肠杆菌病、公鸡生殖器官炎症或人工授精消毒不严
	有一定的死亡率，剖检见浆膜有尿酸盐沉积	鸡痛风
	笼养鸡产蛋率减少，产软壳蛋和破壳蛋，种蛋的孵化率降低。随后出现站立困难，腿软无力，常蹲伏不起	笼养鸡产蛋疲劳综合征
	生殖器官萎缩，繁殖机能及免疫力下降；剖检见小脑软化，胰腺变性；镜检见肝细胞坏死	维生素 E-硒缺乏症
	生殖器官萎缩，无明显的细菌感染	维生素 B_1 缺乏症

(续)

产蛋情况	临床症状及其关联症状	初步诊断
小幅下降	蛋清稀薄，卵黄色浅，受精率下降	维生素 B_2 缺乏症
	贫血，孵化率下降	叶酸或维生素 B_{12} 缺乏症
	产蛋鸡脱毛，鳞状皮炎，孵化率下降	烟酸缺乏症
	皮肤粗糙、干燥，胫骨增粗，胚胎死亡率高	生物素缺乏症
	鼻分泌物多，黏膜脱落、坏死，孵化初期胚胎死亡率高；或有用白色玉米配料饲喂蛋鸡的病史	维生素 A 缺乏症
	输卵管积有大量透明的液体	鸡输卵管囊肿
	输卵管壁增厚、炎症，内有炎性渗出物	鸡输卵管炎

七、皮肤变化

鸡群皮肤变化的初步诊断见表 2-7。

表 2-7 鸡群皮肤变化的初步诊断

皮肤变化	临床症状及其关联症状	初步诊断
外伤	鸡的颈部、背部皮肤损伤	颈部与鸡笼摩擦，或自然交配时被公鸡抓伤
肿瘤	在颈、翅膀和大腿部有浅白或黄色肿瘤结节，突出于皮肤表面	皮肤型鸡马立克氏病
痘斑、结痂	在鸡冠、肉髯、眼睑、嘴角等部位，有时也见于腿、爪、泄殖腔和翅内侧等无毛或少毛部位出现	皮肤型鸡痘
坏疽	颈部、躯干部出现湿性坏疽	鸡葡萄球菌病
皮炎	羽毛发育不全、脱落，肝脏稍肿大、污黄色或暗红色	泛酸缺乏症
	皮肤有化脓性结节，羽毛稀少、蓬乱、无光泽，腿部关节肿大，腿骨弯曲、变粗，软脚病	叶酸缺乏症
	皮肤、趾爪炎症，严重时脚垫表皮脱落呈"红掌病"	生物素缺乏症

(续)

皮肤变化		临床症状及其关联症状	初步诊断
颜色		主要在腹部皮肤出现蓝紫色斑块	硒或维生素 E 的缺乏症
		腹部皮肤呈现紫红色或发绀,伴有腹腔积液	肉鸡腹水综合征
		创伤或疫苗接种部位呈现绿色	鸡绿脓杆菌病
出血		皮肤、皮下组织、肌肉及内脏器官出血,有长期使用磺胺类药物的病史	磺胺类药物中毒
		跗骨鳞片出血	禽流感

第二节 鸡头颈部的异常变化与初步诊断

一、头颈部的外观变化

鸡头颈部外观变化的初步诊断见表 2-8。

表 2-8 鸡头颈部外观变化的初步诊断

部 位	临床表现	初步诊断
头部	肿胀	肉鸡肿头综合征、鸡传染性鼻炎
	眶下窦肿胀	鸡毒支原体病、鸡传染性鼻炎
	震颤	禽脑脊髓炎
	皮下气肿	气囊破裂
	颈部、喉部水肿	禽流感
	肿胀物	纤维瘤
颈部	扭颈	神经型鸡新城疫、大肠杆菌性脑膜脑炎、沙门氏菌性脑膜脑炎、寄生虫性脑膜脑炎、维生素 E 缺乏症、颈椎侧突凸出压迫神经等
	软颈	肉毒梭菌毒素中毒

二、喙的外观变化

鸡喙外观变化的初步诊断见表2-9。

表2-9　鸡喙外观变化的初步诊断

临床表现	初步诊断
喙柔软弯曲（橡皮喙）	鸡佝偻病、钙磷吸收障碍
烫伤、灼伤	断喙器温度过高，或化学物质灼伤
喙尖色泽发紫	鸡传染性支气管炎、禽霍乱、蛋鸡卵黄性腹膜炎等
喙色泽淡	鸡马立克氏病、鸡球虫病、绦虫病等
喙交叉畸形	多因遗传因素所致，宜淘汰

三、鸡冠、肉髯、耳垂的变化

鸡冠、肉髯、耳垂变化的初步诊断见表2-10。

病鸡呼吸困难，鸡冠发绀

表2-10　鸡冠、肉髯、耳垂变化的初步诊断

临床表现	病因	初步诊断
发绀，触之高热		发热性鸡传染性疫病
发绀，触之变凉		见于濒死鸡
发绀	静脉血回流受阻	肉鸡腹水综合征、鸡组织滴虫病、呼吸型传染性支气管炎、新城疫、禽流感等
樱桃红色	与血红蛋白竞争携氧	一氧化碳中毒
黄色	溶血，胆汁外溢入血	慢性黄曲霉毒素中毒，吸入某些有机溶剂

（续）

临床表现	病因	初步诊断
苍白	贫血，红细胞或血红蛋白减少	鸡住白细胞虫病（白冠病）、鸡传染性贫血、鸡马立克氏病、鸡淋巴白血病、鸡结核病、慢性鸡白痢、严重的绦虫病或蛔虫病、鸡肝破裂、饲料中微量元素（如铁、钴）或维生素（如叶酸）的缺乏
发育不良或缩小	性腺功能低下	鸡马立克氏病，鸡淋巴白血病或其他肿瘤性疾病，严重的寄生虫病，蛋白质缺乏症等
结痂	一层黄白色鳞片状结痂，呈白色斑点/块	皮肤真菌病（冠癣）
痘斑、结痂		皮肤型鸡痘，相互争斗啄伤
鸡冠倾倒		去势的公鸡和停产母鸡
肉髯肿大、肥厚		慢性禽霍乱、鸡黄脂瘤病、肉鸡肿头综合征

四、口腔及口腔周围的变化

鸡口腔及其周围变化的初步诊断见表2-11。

表2-11　鸡口腔及其周围变化的初步诊断

临床表现	初步诊断
口腔内温度升高、干燥	急性热性传染病、口炎
口腔内温度过低	寄生虫病以及慢性中毒病、濒死鸡
口腔黏膜有黄白色隆起的小结节	鸡维生素A缺乏症、烟酸缺乏症
口腔黏膜形成黄白色干酪样伪膜或溃疡	鸡白色念珠菌病、白喉型鸡痘
口腔外部及口角形成黄白色伪膜	鸡霉菌性口炎
流涎	鸡新城疫、有机磷农药中毒、口腔炎症
流涎并伴有大蒜味	有机磷农药中毒
口腔或口角流血	见于敌鼠钠中毒，偶见于鸡传染性喉气管炎
口腔或口角流出煤焦油样液体	鸡肌胃糜烂症

五、眼的变化

鸡眼变化的初步诊断见表 2-12。

表 2-12　鸡眼变化的初步诊断

临床表现	初步诊断
眼结膜有黏性或脓性分泌物	鸡大肠杆菌性眼炎、衣原性眼炎、生物素及泛酸缺乏症
眼睑肿胀、流泪	鸡传染性鼻炎、鸡传染性喉气管炎、慢性禽霍乱、鸡毒支原体病、鸡大肠杆菌病眼炎、禽流感、鸡嗜眼吸虫病、福尔马林气体、煤油燃烧气体刺激
角膜混浊、流泪	氨气灼伤、维生素 A 缺乏症
眼睑肿胀、瞬膜下形成球状干酪样物质	鸡霉菌性眼炎、白喉型鸡痘、维生素 A 缺乏症
眼结膜充血、潮红	鸡急性热性传染病
眼结膜充血或眼内出血	鸡住白细胞虫病，偶见于眼睛外伤
眼结膜有出血斑点	禽流感
眼结膜苍白	马立克氏病、鸡淋巴白血病、鸡传染性贫血、鸡结核病、慢性鸡白痢、严重的绦虫病或蛔虫病、鸡肝破裂
虹膜褪色、瞳孔缩小	鸡马立克氏病
瞳孔反射消失、晶状体浑浊	禽脑脊髓炎
瞳孔缩小	有机磷农药中毒
瞳孔散大	阿托品中毒、濒死鸡

六、鼻腔和鼻液的变化

鸡鼻腔和鼻液变化的初步诊断见表 2-13。

表 2-13　鸡鼻腔和鼻液变化的初步诊断

临床表现	初步诊断
鼻腔有大量脓性黏液或浆液性分泌物	鸡传染性鼻炎、鸡传染性支气管炎、鸡传染性喉气管炎、鸡毒支原体病、鸡大肠杆菌病、鸡曲霉菌病、慢性禽霍乱、禽流感、鸡新城疫
鼻腔有牛奶样或豆腐渣样分泌物	维生素 A 缺乏症、鸡传染性鼻炎

七、嗉囊的变化

鸡嗉囊变化的初步诊断见表2-14。

表2-14 鸡嗉囊变化的初步诊断

临床表现	初步诊断
嗉囊积液、触之有波动感	鸡新城疫、鸡传染性嗉囊炎、鸡有机磷农药中毒、鸡采食霉变饲料、鸡白色念珠菌病
嗉囊坚硬、缺乏弹性	嗉囊秘结、异物阻塞、暴食过多干粉料
嗉囊肿大,有捏粉样感觉	禽霍乱、嗉囊卡他、鸡摄入易发酵的饲料
嗉囊空虚或食物不多	慢性疾病、饲料的适口性差,或鸡处于疾病的严重期
嗉囊过度膨大或下垂	马立克氏病导致的迷走神经的机能失调、暴食或饮水过度

第三节 胸腹部的异常变化与初步诊断

一、胸廓的变化

鸡胸廓变化的初步诊断见表2-15。

表2-15 鸡胸廓变化的初步诊断

部位	临床表现	初步诊断
胸部	囊肿	鸡滑膜支原体病、鸡运动的平面不平整或有硬刺,或因料线未及时抬高长期卧地吃料
龙骨	"S"状弯曲	佝偻病,维生素D缺乏,钙、磷缺乏或比例不当
翅	下垂	鸡马立克氏病、翅关节炎、翅骨骨折,或翅关节脱位
	皮下黑紫或皮下坏死	翅部受伤后引起梭状芽孢杆菌、葡萄球菌等感染

二、腹部的变化

鸡腹部变化的初步诊断见表2-16。

表2-16　鸡腹部变化的初步诊断

临床表现	初步诊断
硬脐（脐带炎）	大肠杆菌、沙门氏菌、葡萄球菌等引起的感染
腹壁疝	腹壁受伤使腹腔内的器官凸出皮下
腹围膨大，触之有波动感	肉鸡腹水综合征、蛋鸡的输卵管积水
腹围膨大，触之较硬	蛋鸡的卵巢腺癌，输卵管内有大量干酪样渗出物
腹部蜷缩	结核病、鸡白痢、鸡马立克氏病、盲肠肝炎、慢性霉菌毒素中毒等

三、泄殖腔的变化

鸡泄殖腔变化的初步诊断见表2-17。

表2-17　鸡泄殖腔变化的初步诊断

临床表现	初步诊断
泄殖腔周围或局部发红肿胀，并形成一种有韧性、似白喉样的伪膜，将伪膜剥离后，留下粗糙的出血面	鸡新城疫、慢性泄殖腔炎
泄殖腔肿胀，周围覆盖有大量黏液状分泌物，其中有少量石灰质	蛋鸡前殖吸虫病
泄殖腔明显凸出，甚至外翻，并且充血、肿胀、发红或发紫	泄殖腔脱垂、啄肛
泄殖腔周围的羽毛有稀粪沾污	鸡白痢、鸡传染性法氏囊病

第四节　肢体、爪部的异常变化与初步诊断

鸡群肢体、爪部异常变化的初步诊断见表2-18。

表2-18　鸡群肢体、爪部异常变化的初步诊断

部位	临床表现	初步诊断
肉垫	肿胀	鸡滑膜支原体病、受外伤后感染化脓菌
	粗糙	维生素A缺乏症
	表皮脱落	生物素缺乏、化学药物损伤、鸡舍湿度过大

(续)

部 位	临床表现	初步诊断
趾爪	干燥	多种原因引起的腹泻、脱水
	蜷曲、麻痹	维生素 B_2 缺乏症
	皮肤结痂干裂或脱落	雏鸡泛酸缺乏症
跖骨	鳞片隆起，有白色痂片	鸡突变膝螨病
	增厚和粗大，呈雨靴状	鸡骨瘤
	鳞片出血	禽流感
关节	关节肿胀、触之有热痛感	经创伤引起的葡萄球菌、链球菌或大肠杆菌感染、慢性禽霍乱
	关节肿胀并沿肌腱扩散	鸡滑膜支原体病
	胫跖关节肿大、畸形、长骨短粗质地坚硬	锰缺乏症、生物素缺乏症
	肿胀、触之坚硬、无热感	关节型痛风
	骨关节肿大、骨质变软	佝偻病

第五节 鸡常见症状的诊断思路及鉴别诊断

从临床诊断来说，查症（搜集症状）是条件，认症（认识症状）是基础，辨症（鉴别症状）是关键。症状鉴别诊断的基本程序是：分析症状产生的原因，进行症状病因分类；找出症状的临床差别，形成鉴别诊断树；抓住诊断要点，确定疾病诊断。

一、鸡运动障碍的诊断思路及鉴别诊断

1. 鸡运动障碍（姿势异常）的诊断思路

当发现鸡群中出现以运动障碍（姿势异常）的病鸡时，首先应考虑的是引起运动系统的疾病，其次要考虑病鸡的被皮系统是否受到侵害，神经支配系统是否受到损伤，最后还要考虑营养的平衡及其他因素。其诊断思路见表2-19。

表 2-19　鸡运动障碍的诊断思路

所在系统	损伤部位	临床表现	初步诊断
运动系统	关节	感染、红肿、坏死、变形	异物损伤、细菌或病毒性关节炎
	骨骼	变形、有弹性、可弯曲	雏鸡佝偻病、钙磷代谢紊乱、维生素 D 缺乏症
		变形或畸形、断裂，明显跛行	骨折、骨软症、笼养鸡产蛋疲劳综合征、股骨头坏死、钙磷代谢紊乱、氟骨症
		骨髓发黑或形成小结节	骨髓炎、骨结核
		胫骨骨骺端肿大、断裂	肉鸡胫骨软骨发育不良
	肌肉	腓肠肌（腱）断裂或损伤	病毒性关节炎
	肌腱	腱鞘炎症、肿胀	滑液囊支原体病
被皮系统	脚垫	肿胀	滑液囊支原体病
		表皮脱落	化学腐蚀药剂使用不当、湿度过大等
	脚趾	肿瘤	趾瘤病、鸡舍及场地地面的湿度太大
神经支配系统	中枢神经	脑水肿	食盐中毒、鸡传染性脑脊髓炎
		脑软化	硒缺乏症、维生素 E 缺乏症
		脑脓肿	大肠杆菌性脑病、沙门氏杆菌性脑病等
	外周神经	坐骨神经肿大，"劈叉"姿势	鸡马立克氏病
		迷走神经损伤，扭颈	神经型新城疫
		颈神经损伤，软颈	肉毒梭菌毒素中毒
营养平衡系统	脚垫	粗糙	维生素 A 缺乏症
		红掌病（表皮脱落）	生物素缺乏症
	关节	肿胀、变形	鸡痛风
	肌肉	变性、坏死	硒缺乏症、维生素 E 缺乏症

（续）

所在系统	损伤部位	临床表现	初步诊断
营养平衡系统	肌腱	滑脱	锰缺乏症
	神经	多发性神经炎，"观星"姿势	维生素 B_1 缺乏症
		趾蜷曲姿势	维生素 B_2 缺乏症
其他	眼	损伤	眼型马立克氏病、禽脑脊髓炎、氨气灼伤等
	肠道	消化吸收不良（障碍）	长期腹泻、消化吸收不良等
		慢性消耗性、免疫抑制性疾病	鸡线虫/绦虫病、白血病、霉菌毒素中毒等

2. 鸡运动障碍的常见疾病鉴别诊断（表2-20）

表2-20　鸡运动障碍的常见疾病鉴别诊断

病名	鉴别诊断要点									
	易感日龄	流行季节	群内传播	发病率	病死率	典型症状	神经	肌肉肌腱	关节肿胀	关节腔	骨、关节软骨
神经型马立克氏病	2~5月龄	无	慢	有时较高	高	"劈叉"姿势	坐骨神经肿大	正常	正常	正常	正常
病毒性关节炎	4~7周龄	无	慢	高	<6%	蹲伏姿势	正常	腱鞘炎	明显	有草黄色或血样渗出物	有时有坏死
细菌性关节炎	3~8周龄	无	较慢	较高	较高	跛行或跳跃步行	正常	正常	明显	有脓性或干酪样渗出物	有时有坏死

（续）

病名	鉴别诊断要点										
	易感日龄	流行季节	群内传播	发病率	病死率	典型症状	神经	肌肉肌腱	关节肿胀	关节腔	骨、关节软骨
滑液囊支原体病	4~16周龄	无	较慢	较高	较高	跛行	正常	腱鞘炎	明显	有奶油样或干酪样渗出物	滑膜炎
关节型痛风	全龄	无	无	较高	较高	跛行	正常	正常	明显	有白色黏稠的尿酸盐	有时有溃疡
维生素B_1缺乏症	无	无	无	较高	较高	"观星"姿势	正常	正常	正常	正常	正常
维生素B_2缺乏症	2~3周龄	无	无	较高	较高	趾向内蜷曲	坐骨、臂神经肿大	正常	正常	正常	正常
锰缺乏症	无	无	无	不高	不高	腿骨短粗、扭转	正常	腓肠肌腱滑脱	明显	正常	骨骺肥厚
雏鸡佝偻病	雏鸡	无	无	高	不高	橡皮喙龙骨"S"状弯曲	正常	正常	正常	正常	肋骨跖骨变软
笼养鸡产蛋疲劳综合征	产蛋期	无	无	高	不高	蹲伏、瘫痪	正常	正常	正常	正常	正常

二、鸡呼吸困难的诊断思路及鉴别诊断

1. 鸡呼吸困难的诊断思路

当发现鸡群中出现以鸡呼吸困难为主要临床表现的病鸡时,首先应考虑的是引起呼吸系统(肺源性)的疾病,同时还要考虑引起鸡呼吸困难的心源性、血源性、中毒性、腹压增高性等原因引起的疾病。其诊断思路见表2-21。

表2-21 鸡呼吸困难鉴别的诊断思路

所在系统	损伤部位或病因	初步诊断
呼吸系统	气囊炎、浆膜炎	大肠杆菌病、鸡毒支原体病、内脏型痛风等
	肺结节	曲霉菌病
	喉、气管、支气管	新城疫、禽流感、传染性支气管炎、传染性喉气管炎、黏膜型鸡痘等
	鼻、鼻腔、眶下窦病变	传染性鼻炎、支原体病等
心血管系统	右心衰竭	肉鸡腹水综合征
	贫血	鸡住白细胞虫病、螺旋体病、重症球虫病等
	血红蛋白携氧能力下降	一氧化碳中毒、亚硝酸盐中毒
神经系统	中暑	日射病 热射病、重度热应激
其他	腹压增高性	输卵管积液、腹水等
	管理因素	氨气刺激、烟刺激、粉尘等

2. 鸡呼吸困难的常见疾病的鉴别诊断(表2-22)

表2-22 鸡呼吸困难的常见疾病的鉴别诊断

病名	鉴别诊断要点										
	易感日龄	流行季节	群内传播	发病率	病死率	粪便	呼吸	鸡冠肉髯	神经症状	胃肠道	心脏、肺、气管和气囊	其他脏器
禽流感	全龄	无	快	高	高	黄褐色稀粪	困难	发绀肿大	部分鸡有	严重出血	肺充血和水肿,气囊有灰黄色渗出物	腺胃乳头肿大出血

(续)

病名	易感日龄	流行季节	群内传播	发病率	病死率	粪便	呼吸	鸡冠肉髯	神经症状	胃肠道	心脏、肺、气管和气囊	其他脏器
						鉴别诊断要点						
新城疫	全龄	无	快	高	高	黄绿色稀粪	困难	有时发绀	部分鸡有	严重出血	心冠出血、肺瘀血、气管出血	腺胃乳头、泄殖腔出血
传染性支气管炎	3~6周龄	无	快	高	较高	白色稀粪	困难	有时发绀	正常	正常	气管分泌物增加	肾脏或腺胃肿大
传染性喉气管炎	成年鸡	无	快	高	较高	正常	困难	有时发绀	正常	正常	气管有带血分泌物	喉部出血
黏膜型鸡痘	中雏或成年鸡	无	慢	较高	较高	正常	困难	有时发绀	正常	正常	正常	口腔、咽部黏膜有痘疹，喉头有伪膜
传染性鼻炎	8~12周龄	秋末初春	较快	高	低	正常	困难	有时发绀	正常	正常	上呼吸道炎症	鼻炎、结膜炎
大肠杆菌病	中雏鸡	无	较慢	较高	较高	稀粪	困难	有时发绀	正常	炎症	心包炎、气囊炎	肝周炎
慢性呼吸道病	4~8周龄	秋末初春	慢	较高	不高	正常	困难	有时发绀	正常	正常	心包、气囊有炎症、混浊	呼吸道炎症、肝周炎
曲霉菌病	0~2周龄	无	无	较高	较高	常有腹泻	困难	发绀	部分鸡有	正常	肺、气囊有霉斑结节	有时有霉斑
一氧化碳中毒	0~2周龄	无	无	较高	很高	正常	困难	樱桃红	有	正常	肺充血呈樱桃红色	充血

三、鸡免疫抑制的诊断思路及鉴别诊断

1. 鸡免疫抑制的诊断思路

当鸡群出现免疫失败时,不仅应考虑免疫抑制性疾病,还要考虑其他可能导致鸡产生免疫抑制的因素。其诊断思路见图2-1。

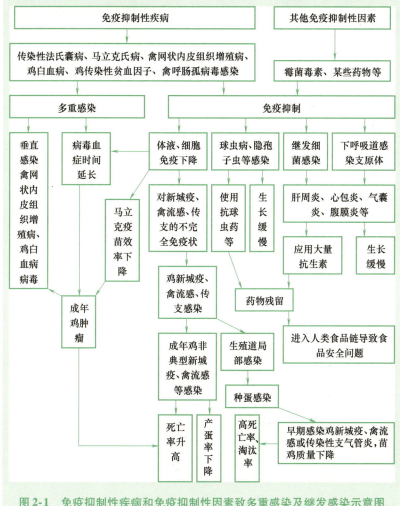

图2-1 免疫抑制性疾病和免疫抑制性因素致多重感染及继发感染示意图

2. 鸡免疫抑制常见疾病的鉴别诊断（表2-23）

表2-23 鸡免疫抑制常见疾病的鉴别诊断

病名	鉴别诊断要点										
	易感日龄	流行季节	群内传播	发病率	病死率	粪便	呼吸	鸡冠肉髯	神经症状	胃肠道	心脏、肺、气管和气囊	其他脏器
内脏型马立克氏病	2～5月龄	无	慢	有时较高	高	正常	正常	萎缩	部分鸡有	各脏器多可形成肿瘤	
白血病	6～18月龄	无	慢	低	高	正常	正常	萎缩	有时瘫痪	有肿瘤	有时有肿瘤	肝脏肿大
传染性贫血病	2～4周龄	无	较慢	较高	高	正常	困难	苍白或黄染	无	贫血	贫血	肌肉、骨髓苍白
网状内皮组织增殖病	无	无	急性快，慢性较长	有时较高	高	白色稀便	正常	萎缩或苍白	无	有时有肿瘤	有时有肿瘤	胰腺、性腺、肾脏有时有肿瘤
传染性法氏囊病	3～6周龄	4～6月	很快	很高	较高	石灰水样稀粪	急促	正常	无	出血	心冠出血	胸肌、腿肌、法氏囊出血

四、鸡腹泻的常见疾病的鉴别诊断

鸡腹泻的常见疾病的鉴别诊断见表2-24。

表2-24 鸡腹泻的常见疾病的鉴别诊断

病名	鉴别诊断要点										
	易感日龄	流行季节	群内传播	发病率	病死率	粪便	呼吸	鸡冠肉髯	神经症状	胃肠道	心脏、肺、气管和气囊	其他脏器
禽流感	全龄	无	快	高	高	黄褐色稀粪	困难	发绀肿大	部分鸡有	严重出血	肺充血和水肿，气囊有灰黄色渗出物	腺胃乳头肿大出血

(续)

病名	易感日龄	流行季节	群内传播	发病率	病死率	粪便	呼吸	鸡冠肉髯	神经症状	胃肠道	心脏、肺、气管和气囊	其他脏器
						鉴别诊断要点						
新城疫	全龄	无	快	高	高	黄绿色稀粪	困难	有时发绀	部分鸡有	严重出血	心冠出血、肺瘀血、气管出血	腺胃乳头、泄殖腔出血
传染性法氏囊病	3~6周龄	4~6月	很快	很高	较高	石灰水样稀粪	急促	正常	正常	出血	心冠出血	胸肌、腿肌、法氏囊出血
禽霍乱	成年鸡	夏秋季	较快	较高	较高	草绿色稀粪	急促	部分鸡肉髯肿大	正常	严重出血	心冠脂肪沟有刷状缘出血	肝脏、脾脏有点状坏死灶
鸡白痢	0~2周龄	无	快	不高	较高	白色糊状粪便	困难	有时发绀	正常	出血	肺有坏死结节	肝脏、脾脏肿大、卵黄吸收不良
鸡副伤寒	1~3周龄	无	快	较高	较高	白色如水	正常	正常	正常	出血	心包炎	肝脏、脾脏瘀血表面有条纹状出血斑
败血型大肠杆菌病	中雏鸡	无	较慢	较高	较高	稀粪	困难	有时发绀	正常	炎症	心包炎、气囊炎	肝周炎

（续）

病名	鉴别诊断要点									
	易感日龄	流行季节	群内传播	发病率	病死率	粪便	呼吸	鸡冠肉髯	神经症状	胃肠道	心脏、肺、气管和气囊	其他脏器
球虫病	4~6周龄	春夏季	较快	较高	较高	棕红色稀粪或鲜血便	正常	正常	正常	小肠盲肠出血	正常	小肠有时有坏死灶
蛔虫病	小于3月龄	无	慢	不高	不高	有时粪便带血	正常	正常	正常	小肠后段出血	正常	小肠有时有蛔虫和坏死灶
绦虫病	全龄	无	慢	不高	不高	粪便稀薄或带血样黏液	正常	正常	有时瘫痪	肠黏膜出血	正常	肠腔内有大量虫体
内脏型痛风	全龄	无	无	较高	较高	石灰水样稀粪	正常	正常	有时瘫痪	正常	心包膜有尿酸盐沉着	肾脏肿大呈花斑样、浆膜有尿酸盐沉着

五、鸡急性败血症常见疾病的鉴别诊断

鸡急性败血症常见疾病的鉴别诊断见表2-25。

表2-25 鸡急性败血症常见疾病的鉴别诊断

病名	鉴别诊断要点									
	易感日龄	流行季节	群内传播	发病率	病死率	粪便	呼吸	鸡冠肉髯	神经症状	胃肠道	心脏、肺、气管和气囊	其他脏器
禽流感	全龄	无	快	高	高	黄褐色稀粪	困难	发绀肿大	部分鸡有	严重出血	肺充血和水肿，气囊有灰黄色渗出物	腺胃乳头肿大出血

(续)

病名	鉴别诊断要点									
	易感日龄	流行季节	群内传播	发病率	病死率	粪便	呼吸	鸡冠肉髯	神经症状	胃肠道	心脏、肺、气管和气囊	其他脏器
新城疫	全龄	无	快	高	高	黄绿色稀粪	困难	有时发绀	部分鸡有	严重出血	心冠出血、肺瘀血、气管出血	腺胃乳头、泄殖腔出血
传染性法氏囊病	3~6周龄	4~6月	很快	很高	较高	石灰水样稀粪	急促	正常	正常	出血	心冠出血	胸肌、腿肌、法氏囊出血
传染性支气管炎	3~6周龄	无	快	高	较高	白色稀粪	困难	有时发绀	正常	正常	气管分泌物增加	肾脏或腺胃肿大
传染性喉气管炎	成年鸡	无	快	高	较高	正常	困难	有时发绀	正常	正常	气管有带血分泌物	喉部出血
禽霍乱	成年鸡	夏秋季	较快	较高	较高	草绿色稀粪	急促	正常	正常	严重出血	心冠脂肪沟有刷状缘出血	肝脏、脾脏有点状坏死灶
大肠杆菌病	中雏鸡	无	较慢	较高	较高	稀粪	困难	有时发绀	正常	炎症	心包炎、气囊炎	肝周炎

(续)

病名	易感日龄	流行季节	群内传播	发病率	病死率	粪便	呼吸	鸡冠肉髯	神经症状	胃肠道	心脏、肺、气管和气囊	其他脏器
球虫病	4~6周龄	春夏季	较快	较高	较高	棕红色稀粪或鲜血便	正常	正常	正常	小肠盲肠出血	正常	小肠有时有坏死灶
鸡白痢	1~3周龄	无	较慢	较高	较低	白色稀粪	困难	不明显	正常	出血	心脏、肺有出血斑点	有坏死灶

六、鸡胚胎病的鉴别诊断

1. 鸡胚胎发育的透视特征

第1天：种蛋孵化15~20小时，蛋内有1个光亮的圆珠，随蛋黄转动，俗称"白光珠"。

第2天：白光珠变暗红，并逐渐扩大，形成樱桃状小血饼，俗称"樱桃珠"。

第3天：在扩大的小血饼中间，初有血丝出现，随后呈现蚊虫状鸡胚，俗称"蚊虫珠"。

照蛋，出雏

第4天："蚊虫珠"长大，似小蜘蛛状，血丝分布若蛛网，此时鸡胚不再随蛋黄转动，定位于蛋的一面称为正面，而背面很光亮，俗称"小蜘蛛"。

第5天："小蜘蛛"长大，如大蜘蛛，头部明显见于有一黑眼，这个黑色的眼点，俗称"单珠""黑眼"。

第6天：在"大蜘蛛"头部和身躯呈现2个黑圆点，俗称"双珠"。

第7天：在大蜘蛛附近羊水增多，已布满血丝，称"沉"。

第8天：胚胎在羊水中时沉时浮，胚胎浸沉在羊水中，蛋正面若隐若现，似游泳状，俗称"浮"。

第9天：此时蛋正面不再有特征形态，在蛋背面的左右两边可见到有尿囊暗影向中心合拢，并有血管伸入蛋白中，俗称"发边"。

第 10 天：左右血管区在气室下首先吻合，尿囊暗影也迅速自左右向中央发展，继而血管伸至蛋的小头，俗称"到底"。

第 11 天：尿囊暗影在蛋的背面中央合拢，并向蛋的小头下沉，俗称"暗影扩大"。

第 12～16 天：尿囊暗影继续向蛋的小头下沉、扩大，俗称"暗影下沉"。

第 17 天：尿囊暗区完全充满蛋的小头，呈暗色，近气室端发红，俗称"封门"或"红口"。

第 18 天：蛋的大头气室与暗影间，仍发红发亮，并见有血丝，俗称"红口"。

第 19 天：气室先呈现倾斜状，蛋互相撞击时发出空洞声。继而在气室内可看到翅膀、颈部的暗影闪动，并可听到雏鸡在壳内鸣叫，俗称"斜口""开壳""闪毛""隐叫"。

第 20 天：雏鸡普遍隐叫，啄壳，并有部分雏鸡出壳，俗称"啄壳"。

第 21 天：在 20 天半时，雏鸡已大批出壳，俗称"出壳"。

2. 鸡胚胎病的鉴别诊断（表 2-26）

表 2-26　鸡胚胎病的鉴别诊断

种蛋入孵时间	所见病变	临床表现	初步诊断
5～6 天（头照）	死亡	多数在 7 天之前死亡，胚盘出血	维生素 E 缺乏症
		有的胚胎在第 1 天就死亡，胚盘边缘不平，发育缓慢	久存的种蛋
		1～2 天内多数死亡，检查可见白芝麻粒状胚盘	冻蛋
		死胚充血、出血	孵化温度短期过高
	胚胎发育不正常	有许多血环、怪胎，蛋白吸收过早，羊膜、尿囊上有囊肿	孵化温度长期偏高
		胚体肿胀，蛋白变深，有不良的气味	细菌污染种蛋

（续）

种蛋入孵时间	所见病变	临床表现	初步诊断
19天（二照）	死亡	种蛋减轻	维生素 B_2 缺乏症
		全身水肿，肌肉萎缩，卵黄囊、肝脏、心脏出血	维生素 B_{12} 缺乏症
		皮肤高度水肿，肝脏变性，肾脏肿大	维生素 D 缺乏症
		肾脏肿大，且有尿酸盐沉积	维生素 A 缺乏症
		尿囊膜血管充血，皮肤、内脏充血和点状出血	孵化温度过高
		皮肤、内脏充血、出血，心脏结构残缺	换气不足
出雏时	死胚	胚体蜷曲，颈部粘连，腿部弯曲，头部水肿，蛋黄黏稠	维生素 B_2 缺乏症
		肌肉萎缩，卵黄囊、肝脏、心脏出血，肝脏脂肪蓄积	维生素 B_{12} 缺乏症
		皮下水肿、出血，眼睛的晶状体浑浊	维生素 E 缺乏症
		在肾脏、肠系膜、心脏和卵黄囊上有尿酸盐沉积	维生素 A 缺乏症
		肝脏、肺肿胀，有小的坏死灶，肠内有白色内容物	鸡白痢
		肝脏松弛，色泽不均匀，心脏、肠道有点状出血，胆囊扩张，脾脏肿大	鸡副伤寒
		耳鼻道阻塞，内脏器官有灰色结节	鸡曲霉菌病
		脐部积有黏液，腹壁肿大有干酪样物质，卵黄灰褐色并且稀薄	脐炎
		皮肤充血，胎位不正，头在卵黄囊中	孵化温度短期过高
		多数死亡胚胎能啄破蛋壳，但不能吸收卵黄，留下浓厚蛋白，肠道充血，心脏变小	孵化温度长期过高
		胎位不正，头部位于蛋的尖端，皮肤出血，粘连	换气不足

（续）

种蛋入孵时间	所见病变	临床表现	初步诊断
新生雏	衰弱	出壳过早，雏鸡小，卵黄吸收不良，脐孔未愈	孵化温度偏高
		出壳早，雏鸡污秽，羽毛颜色不佳，黏附着蛋壳	孵化温度过高
		羽毛蜷曲，颈部粘连，腿瘫痪	维生素 B_2 缺乏症
		出壳推迟，幼雏委顿，站立困难，蛋壳污秽	孵化期停止供热
		出壳推迟，皮肤和绒毛的颜色不佳，眼中有干酪样物质	维生素 A 缺乏症
		出壳延长、软骨、上颌变短	维生素 D 缺乏症
		卵黄偏大	鸡白痢
		脐孔发炎	脐炎

第三章 鸡剖检病变观察与初步诊断

第一节 皮下组织、肌肉和腹腔的病变

鸡皮下组织、肌肉和腹腔的病变与初步诊断见表3-1。

表3-1 鸡皮下组织、肌肉和腹腔的病变与初步诊断

检查项目	剖检病变	初步诊断
皮下组织	胶冻样水肿，胸腹部皮肤呈暗紫或浅绿色	雏鸡硒（维生素E）缺乏症
	黏液性水肿	食盐中毒、饲料中棉籽饼的含量过高
	气肿，常发生在头、颈或身体的前部，手触有弹性	创伤、剧烈活动等引起的气囊破裂
	出血	禽霍乱、禽流感、鸡大肠杆菌性败血症、鸡包涵体肝炎、鸡传染性贫血、磺胺类药物中毒等
	弥漫性出血	维生素K缺乏症、网状内皮细胞增殖症
	胸部皮下化脓或坏死	外伤引起皮肤葡萄球菌、链球菌或其他细菌感染
	皮下结缔组织干燥	各种原因引起的脱水或供水不足，如鸡肾型传染性支气管炎、传染性法氏囊病、痛风等
肌肉	苍白	各种原因引起的失血，如脂肪肝综合征（肝破裂）、鸡白痢、鸡弯曲杆菌病、严重的寄生虫病、慢性消耗性疾病
	大头针大小的出血点	考卡氏住白细胞虫病、维生素K缺乏症

(续)

检查项目	剖检病变	初步诊断
肌肉	腿肌、胸肌出血	鸡传染性法氏囊病
	腓肠肌断裂	鸡病毒性关节炎
	肿瘤	鸡马立克氏病
	变性、坏死	维生素E（硒）缺乏症、注射油乳剂疫苗不当
	坏死，伴有炎性反应	由金黄色葡萄球菌、链球菌、厌氧梭菌等引起的感染
	表面出现霉菌斑块	曲霉菌病
腹腔	干燥无黏性	各种原因引起的脱水或供水不足，如鸡肾型传染性支气管炎、痛风等
	积有血液或凝血块	脂肪肝综合征（肝破裂）
	浅黄色或暗红色腹水及纤维素渗出	肉鸡腹水综合征、鸡大肠杆菌病、肝硬化、黄曲霉素中毒，也可见于鸡副伤寒、卵巢腺癌、蛋鸡输卵管囊肿等
	有浅黄色黏稠的渗出物附着在内脏表面	卵泡破裂引起的卵黄性腹膜炎，病原多为大肠杆菌，有时也见于沙门氏菌和巴氏杆菌
	脏器表面有许多菜花样增生物或有很多大小不等的结节	鸡马立克氏病、鸡淋巴白血病、卵巢腺癌，也见成年鸡结核病、鸡的大肠杆菌性肉芽肿等
	脏器浆膜面有石灰样物质沉着	内脏型痛风

第二节 消化系统的病变

一、口腔、食道、嗉囊

鸡口腔、食道、嗉囊的病变与初步诊断见表3-2。

表3-2 鸡口腔、食道、嗉囊的病变与初步诊断

检查项目	剖检病变	初步诊断
口腔	黏膜上有"白喉型"伪膜	黏膜型鸡痘
	舌头边缘有白斑	呕吐毒素中毒、鸡舍内的湿度过低等
食管	黏膜有小的白色的脓疮,且可蔓延到嗉囊,脓疮的直径可达2毫米	维生素A缺乏症
	黏膜有白色伪膜和溃疡(口腔、咽部均出现)	酵母菌病、白色念珠菌病
	食管下段黏膜有出血斑	呋喃丹中毒
	寄生虫	鸡捻转毛细线虫、环行毛细线虫、嗉囊筒线虫
嗉囊	黏膜有白色伪膜和溃疡	白色念珠菌病
	积满黏液	鸡新城疫
	积满煤焦油样的液体	肌胃糜烂
	充满酸臭的内容物	嗉囊秘结
	内容物有刺鼻的蒜臭味	有机磷中毒

二、腺胃、肌胃、肠道和盲肠扁桃体

腺胃、肌胃、肠道和盲肠扁桃体的病变与初步诊断见表3-3。

表3-3 鸡腺胃、肌胃、肠道和盲肠扁桃体的病变与初步诊断

检查项目	剖检病变	初步诊断
腺胃	球状肿大	鸡传染性腺胃炎、饲料中纤维素缺乏
	膨大、胃壁增厚、切面呈煮肉样	鸡内脏型马立克氏病、腺胃型传染性支气管炎
	腺胃黏膜出血、糜烂、溃疡	呕吐毒素中毒
	腺胃乳头或黏膜出血	鸡新城疫、禽流感,喹乙醇中毒、急性禽霍乱
	寄生虫	鸡旋形华首腺虫病,钩状唇口线虫病
	腺胃与肌胃交界处形成出血带或出血点	鸡传染性法氏囊病

（续）

检查项目	剖检病变	初步诊断
肌胃	肌胃糜烂、角质膜变黑脱落	饲喂变质鱼粉、蚕蛹、霉变饲料或胆汁反流引起胆酸或氧化胆酸所致
	肌胃角质膜易脱落、角质层下有出血斑点或溃疡	鸡新城疫、鸡住白细胞虫病，也见于禽流感、禽李氏杆菌病及某些中毒病
	肌胃肌肉变性并有白色结节	鸡白痢
	肌胃肌肉的肿瘤样变	鸡内脏型马立克氏病
	肌胃内空虚、角质膜呈绿色	鸡的慢性疾病，多由胆汁反流所致
肠道	小肠肠管增粗、黏膜粗糙，表面有大量灰白色坏死小点和出血小点	鸡球虫病
	肠道变色、肿胀、黏膜出血、有炎性渗出物（在回肠处变化最明显），小肠肠管增粗，肠道黏膜坏死或肠黏膜上覆盖一层灰白色伪膜	鸡魏氏梭菌（C型）感染（坏死性肠炎）
	急性病例为十二指肠出血，肠壁上有小点出血。慢性时从肠壁的浆膜和黏膜面上都能看到一种边缘出血的黄色小溃疡灶或呈圆形，凸起的较大溃疡，此种溃疡边缘常无出血	溃疡性肠炎
	肠壁有芝麻粒大的出血点	鸡副伤寒、鸡新城疫强毒感染
	肠壁、肠浆膜上有珍珠样结节	成年鸡的结核病
	肠壁上有大小不等的肿瘤状结节	鸡马立克氏病、鸡淋巴白血病、禽网状内皮增殖症，肠壁上有出血小结节，可见于鸡住白细胞虫病
	肠管变粗、堵塞	严重的线虫感染、异物阻塞
	肠管某节段呈现出血发紫，且肠腔有出血黏液或暗红色血凝块	肠扭转、肠系膜疝

（续）

检查项目	剖检病变	初步诊断
肠道	盲肠内有凝固性栓塞	鸡副伤寒、鸡组织滴虫病
	盲肠出血，肠腔有血便，黏膜光滑	鸡盲肠球虫病、磺胺类药物中毒
	十二指肠和空肠寄生虫	有鸡蛔虫、节片戴文绦虫、赖利绦虫、有伞毛细线虫病
	盲肠寄生虫	鸡异刺线虫、组织滴虫、鸟类圆线虫病
	直肠寄生虫	鸡前殖吸虫病
	直肠的条纹状出血	鸡新城疫
盲肠扁桃体	肿大、出血	鸡新城疫、鸡传染性法氏囊病、鸡伤寒、鸡大肠杆菌病、禽流感、鸡球虫病、鸡喹乙醇中毒
	肿大、出血、坏死	鸡住白细胞虫病

三、肝脏、胆囊、胆管及胰腺

鸡肝脏、胆囊、胆管及胰腺的病变与初步诊断见表3-4。

表3-4　鸡肝脏、胆囊、胆管及胰腺的病变与初步诊断

检查项目	剖检病变	初步诊断
肝脏	肿大，表面有圆形或不规则形状的粟粒大至黄豆大小的坏死灶	鸡组织滴虫病（盲肠肝炎）
	肿大，表面有呈放射状（星状）坏死灶	鸡弯曲杆菌（弧菌）性肝炎
	肿大，表面有广泛密集的点状灰白色坏死灶	急性禽霍乱
	肿大，表面有散在的灰白色或灰黄色坏死灶	急性鸡白痢、鸡伤寒、鸡副伤寒、鸡链球菌病、鸡大肠杆菌病，也可见于鸡衣原体病、鸡李氏杆菌病
	肿大，表面有大小不等的肿瘤结节	鸡马立克氏病、鸡淋巴白血病、禽网状内皮增殖症

(续)

检查项目	剖检病变	初步诊断
肝脏	肿大，有斑状出血	鸡包涵体肝炎、鸡磺胺类药物中毒、雏鸡应激综合征等
	肿大并出现肉芽肿	鸡大肠杆菌性肉芽肿
	肿大，表面被纤维素性物质覆盖（肝周炎）	鸡大肠杆菌病、支原体病
	肿大，呈青铜色或墨绿色	鸡副伤寒
	肿大、硬化，表面粗糙不平或有白色针尖状病灶	慢性黄曲霉毒素中毒、成年鸡的肝癌
	肿大，可延伸至泄殖腔处且质地柔软易碎	鸡大肝大脾病
	肿大，呈浅黄色脂肪变性，切面有油腻感	蛋鸡脂肪肝综合征、肉鸡脂肪肝肾出血综合征、维生素E缺乏症，也见于鸡传染性贫血
	萎缩、硬化	肉鸡腹水综合征晚期、黄曲霉毒素慢性中毒
	有大量灰白色或浅黄色结节，切面呈干酪样	成年鸡结核病
	表面有尿酸盐覆盖	内脏型痛风
胆囊、胆管	寄生于胆囊或胆管内的寄生虫	散养鸡的次睾吸虫病
	胆囊充盈肿大	禽霍乱、鸡白痢、鸡住白细胞虫病、某些药物中毒等
	胆囊缩小、胆汁少、色浅或胆囊黏膜水肿	鸡马立克氏病鸡严重的绦虫病、蛔虫病、吸虫病、蛋白质营养缺乏症等
	胆汁浓、呈墨绿色	急性禽霍乱、禽流感、鸡大肠杆菌性败血症等
	胆囊空虚、无胆汁	肉鸡猝死综合征

（续）

检查项目	剖检病变	初步诊断
胰腺	胰腺出血、坏死	禽流感
	肿大，有灰白色坏死灶	禽单核白细胞增多症
	肿大，有出血性小结节	鸡住白细胞虫病
	肿大、出血、滤泡增大	急性禽霍乱、鸡新城疫、禽流感、鸡白痢、鸡伤寒、鸡副伤寒、鸡脑脊髓炎、鸡大肠杆菌性败血症、鸡氟乙酰胺中毒、敌鼠钠中毒等
	有肿瘤或肉芽肿	鸡马立克氏病、鸡大肠杆菌性肉芽肿
	萎缩、苍白而坚硬、腺管阻塞	矮小综合征、慢性霉败饲料中毒、维生素E（硒）缺乏症

第三节 呼吸系统的病变

鸡呼吸系统的病变与初步诊断见表3-5。

表3-5　鸡呼吸系统的病变与初步诊断

检查项目	剖检病变	初步诊断
喉头、气管、支气管	喉头、气管有血性黏液或浅黄色干酪样附着物	鸡传染性喉气管炎
	喉头、气管出血	鸡新城疫、禽流感
	喉头、气管有黏液性渗出物	鸡新城疫、禽流感、呼吸型传染性支气管炎、雏鸡曲霉菌病、禽败血支原体病、氨气过浓、鸡住白细胞虫病等
	喉头、气管黏膜上有干酪样坏死斑点	黏膜型鸡痘
	气管和支气管内有寄生虫	鸡比翼吸虫（寄生于气管、支气管内）、火鸡支气管杯口线虫（寄生于气管、支气管内）
	气管、支气管环充血、出血	鸡新城疫、鸡传染性支气管炎
	支气管内有渗出液或浅黄色干酪样凝固栓子	堵塞型传染性支气管炎

(续)

检查项目	剖检病变	初步诊断
肺、气囊	肺有黄色粟粒大至豌豆大的结节	鸡曲霉菌病，也见于成年鸡结核病
	肺表面有灰黑色或浅绿色霉斑	鸡曲霉菌病
	肺瘀血、水肿	禽霍乱、禽肠球菌病、雏鸡败血性鸡白痢、鸡传染性法氏囊病、鸡大肠杆菌性败血症，也见于鸡住白细胞虫病、棉籽饼中毒
	肺出现肉芽肿	肺炎型雏鸡白痢、雏鸡大肠杆菌病
	肺出现肿瘤结节	鸡内脏型马立克氏病
	肺有出血凝块	鸡住白细胞虫病
	气囊浑浊、囊壁增厚、有纤维素性渗出物	鸡毒支原体病、鸡大肠杆菌病、鸡副伤寒、禽流感、鸡传染性支气管炎、鸡传染性鼻炎、禽衣原体病，也可见于鸡链球菌病、鸡新城疫、鸡隐孢子虫病
	气囊上有白色小点	鸡气囊螨感染

第四节　心血管系统的病变

鸡心血管系统的病变与初步诊断见表3-6。

表3-6　鸡心血管系统的病变与初步诊断

检查项目	剖检病变	初步诊断
心包	心包积液或含胶冻样渗出物	鸡心包积水综合征（安卡拉病）、鸡黄曲霉毒素中毒
	心包膜有尿酸盐沉着	鸡内脏型痛风
	心包积液或含有纤维蛋白	鸡大肠杆菌病、鸡败血支原体病、禽霍乱、鸡白痢、鸡副伤寒、肉雏鸡维生素E（硒）缺乏症，也见于禽流感、鸡李氏杆菌病、衣原体病、鸡住白细胞虫病、鸡食盐中毒、氟乙酰胺中毒、磷化锌中毒

(续)

检查项目	剖检病变	初步诊断
心脏	心冠脂肪出血或心内外膜有出血斑点	禽霍乱、禽流感、鸡伤寒、败血型雏鸡白痢、鸡大肠杆菌性败血症，也见于鸡食盐中毒、磺胺药中毒、棉籽饼中毒、氟乙酰胺中毒
	心肌有灰白色坏死或有小结节或肉芽肿	鸡白痢、鸡伤寒、鸡副伤寒、鸡大肠杆菌病、鸡李氏杆菌病、鸡马立克氏病、鸡住白细胞虫病
	心肌缩小、心肌脂肪消耗或心冠脂肪变成透明胶冻样	鸡结核病、鸡马立克氏病、淋巴白血病、慢性鸡伤寒、鸡副伤寒、严重的蛔虫病和绦虫病等
	心肌变性	维生素E（硒）缺乏症、鸡住白细胞原虫病、禽流感
	心内膜炎	鸡葡萄球菌病、丹毒丝菌病
	右心衰竭	肉鸡腹水综合征
	心脏表面有菌丝状出血	鸡砷中毒
	心脏表面有白色尿酸盐沉着	鸡内脏型痛风

第五节　泌尿生殖系统的病变

鸡泌尿生殖系统的病变与初步诊断见表3-7。

表3-7　鸡泌尿生殖系统的病变与初步诊断

检查项目	剖检病变	初步诊断
肾脏、输尿管	肾脏显著肿大，呈灰白色或有肿瘤结节	鸡马立克氏病、禽白血病，偶见于鸡大肠杆菌性肉芽肿
	肾脏肿大、瘀血	鸡伤寒、鸡副伤寒、鸡链球菌病、鸡住白细胞虫病、鸡螺旋体病，也见于禽流感、脂肪肝肾出血综合征、鸡食盐中毒等
	肾脏肝大，表面有白色尿酸盐沉着（呈"花斑肾"），输尿管和肾小管充满白色尿酸盐结晶	鸡肾病型传染性支气管炎、鸡传染性法氏囊病、磺胺类药物中毒、铅中毒、内脏型痛风、维生素A缺乏症、饮水不足等

（续）

检查项目	剖检病变	初步诊断
肾脏、输尿管	输尿管结石	内脏型痛风、钙磷比例失调
	肾脏苍白	雏鸡副伤寒、鸡住白细胞虫病、严重的绦虫病、吸虫病、球虫病，也可见于各种原因引起的内脏出血等
	肾脏有霉菌结节	鸡的霉菌感染
卵泡、卵巢、输卵管	卵子形态不整，皱缩干燥，并且颜色改变及变形、变性	成年母鸡的鸡白痢、鸡伤寒、鸡副伤寒、鸡大肠杆菌病，也见于成年母鸡的传染性支气管炎、产蛋率下降综合征
	卵泡充血、出血或卵泡血肿	鸡新城疫、禽流感等
	卵巢显著增大，呈熟肉样菜花状肿瘤	卵巢腺癌、鸡内脏型马立克氏病等
	输卵管的寄生虫	鸡前殖吸虫病
	输卵管内有凝固性坏死物（凝固或腐败的卵黄、蛋白）	卵黄性腹膜炎、鸡伤寒、鸡副伤寒，输卵管内有絮状凝固蛋白则见于低致病性禽流感，也见于输卵管炎、输精器械消毒不严
	输卵管脱垂于泄殖腔外	产蛋鸡进入高峰期营养不足或是产双黄蛋、畸形蛋所致，也见于久泻不愈引起的脱垂
	输卵管积液（囊肿）	传染性支气管炎病毒、沙眼衣原体感染、禽流感病毒、EDS_{76}病毒感染后的后遗症、激素分泌紊乱等
	左侧输卵管细小（发育不良）	肾病型传染性支气管炎
睾丸、阴茎	一侧睾丸显著肿大、切面呈均匀灰白色	鸡内脏型马立克氏病
	一侧或两侧睾丸肿大或萎缩、睾丸组织有多个坏死灶	公鸡的鸡白痢
	睾丸萎缩、变性	维生素E缺乏症
	阴茎脱垂、红肿、糜烂或有坏死小结节或痂痕	阴茎外伤感染

第六节 免疫系统及内分泌系统的病变

鸡免疫系统及内分泌系统的病变与初步诊断见表3-8。

表3-8 鸡免疫系统及内分泌系统的病变与初步诊断

检查项目	剖检病变	初步诊断
法氏囊	肿大，黏膜出血	鸡传染性法氏囊病、鸡隐孢子虫病
	肿瘤	禽淋巴白血病
	囊内有干酪样物质	恢复期的鸡传染性法氏囊病、鸡隐孢子虫病
	萎缩	鸡包涵体肝炎、鸡传染性贫血、鸡马立克氏病、肉鸡传染性生长障碍综合征、鸡黄曲霉毒素慢性中毒，一些细菌内毒素引起的法氏囊萎缩，也见于鸡正常的生理性退化、萎缩
	囊内的寄生虫	鸡前殖吸虫病、隐孢子虫病
脾脏	肿大、是原来的几倍甚至十几倍大	鸡大肝大脾病
	肿大，表面有大小不等的肿瘤结节	鸡马立克氏病、鸡淋巴白血病、禽网状内皮增殖症
	有灰白色或黄色结节，切面呈干酪样	成年鸡结核病
	肿大，有散在的灰白色点状坏死灶	鸡白痢、鸡伤寒、鸡副伤寒、禽霍乱、禽衣原体病，也可见于禽流感、禽葡萄球菌病、鸡住白细胞虫病等
	肿大，有坏死灶或出血点	禽霍乱、鸡副伤寒、衣原体病
	肿大，表面有灰白色斑驳	鸡马立克氏病、鸡淋巴白血病、禽网状内皮增殖症，也见于鸡白痢、鸡伤寒、鸡副伤寒、鸡大肠杆菌性败血症、鸡李氏杆菌病、鸡螺旋体病、鸡弯曲杆菌病等

（续）

检查项目	剖检病变	初步诊断
胸腺	肿大，出血	禽霍乱、鸡败血性大肠杆菌病等
	肿大，坏死	鸡住白细胞虫病
	出现玉米大的肿胀	鸡结核病
	萎缩	鸡马立克氏病，也见于鸡传染性贫血、肉鸡传染性生长障碍综合征、鸡蛋白质缺乏症、鸡慢性黄曲霉毒素中毒
甲状旁腺	肿大	笼养鸡产蛋疲劳综合征、雏鸡佝偻病、成年鸡骨软症

第七节 运动系统及神经系统的病变

鸡运动系统及神经系统的病变与初步诊断见表3-9。

表3-9 鸡运动系统及神经系统的病变与初步诊断

检查项目	剖检病变	初步诊断
骨和关节	后脑颅骨变薄、变软	鸡维生素E缺乏症、雏鸡的佝偻病
	胸骨呈"S"状弯曲，肋骨与肋软骨连接部呈结节性串珠样	雏鸡佝偻病、成鸡骨软症
	跖骨软、易弯曲	雏鸡佝偻病、成年鸡骨软症
	跖骨硬、易折断	饲喂含氟磷酸氢钙的饲料引起的鸡氟中毒
	关节肿胀、关节囊内有炎性渗出	鸡葡萄球菌、链球菌、大肠杆菌、沙门氏杆菌、巴氏杆菌等引起的关节感染
	关节肿大、变形	雏鸡佝偻病、生物素缺乏症、胆碱缺乏症、锰缺乏症
	关节腔内有尿酸盐结晶	鸡关节型痛风
骨髓	发黑	葡萄球菌、大肠杆菌、腺病毒等感染引起的骨髓炎
	结核	鸡结核病
	白化	禽白血病
	变黄	鸡包涵体肝炎

（续）

检查项目	剖检病变	初步诊断
脑、神经	小脑软化、肿胀，有出血点或坏死灶	鸡维生素E（硒）缺乏症
	脑水肿	鸡传染性脑脊髓炎、食盐中毒
	脑及脑膜有浅黄色结节或坏死灶	鸡霉菌性脑炎
	大脑呈树枝状充血、有出血点并发生水肿或坏死	脑炎型大肠杆菌病、脑炎型沙门氏杆菌病
	脑膜充血、水肿或点状出血	中暑、酚类消毒剂中毒等
	外周神经（坐骨神经）肿大	神经型马立克氏病
	迷走神经支配嗉囊的分支受损	鸡嗉囊下垂
	颈神经受损	肉毒梭菌毒素中毒、颈椎侧凸等

第四章 鸡常见病的诊断要点及防治

第一节 病毒病

一、禽流感

（一）高致病性禽流感

高致病性禽流感，又名真性鸡瘟或欧洲鸡瘟，通常是由正黏病毒科A型流感病毒H5和H7亚型禽流感病毒引起的一种急性、高度致死性传染病。本病已被世界动物卫生组织（OIE）规定为A类传染病，中华人民共和国农业部公告第1125号发布的《一、二、三类动物疫病病种名录》将其列为一类疫病。禽流感疫情自2004年在我国周边国家暴发以后，在我国的广西等十多个省市也先后暴发，对养鸡业造成了较大的经济损失和重大的社会影响。目前，我国免费发放疫苗进行强制免疫来防控本病。与此同时，为了保障养殖业生产安全和公共卫生安全，农业部办公厅于2017年6月5日下发了关于做好广东、广西H7N9免疫工作的通知。2017年7月10日农业部关于切实做好全国高致病性禽流感秋季免疫工作的通知指出，从2017年秋季开始，在家禽免疫H5亚型禽流感的基础上，对全国家禽全面开展H7N9免疫，并组织制定了全国高致病性禽流感免疫方案。

1. 诊断要点

【流行特点】 不同日龄、不同品种、不同性别的鸡均可感染发病。没有免疫接种或接种失败的鸡群一旦感染本病，其发病率和死亡率可达100%。本病一年四季均可发生，冬春两季发生较多。本病的主要传染源是病鸡或带毒鸭及候鸟，病毒主要经消化道和呼吸道或损伤的黏膜感染，吸血昆虫也可传播本病毒。

【临床表现】 本病潜伏期为3~5天，急性病例病程极短，常无任何临床症状而突然死亡。病程1~2天时，病鸡精神极度沉郁，体温升高达43℃以上，不食，蛋鸡停止产蛋。鸡冠、肉髯和眼的周围呈紫红色或紫黑色，头部、颈部及声门出现水肿，伴呼吸湿啰音，鼻腔有灰色或红色渗出物，腿部鳞片出血呈紫黑色。有的病鸡见腹泻，粪便呈灰绿色或红色，后期出现神经症状，头颈麻痹、抽搐，甚至出现眼盲，最后衰竭死亡。

【剖检病变】 病（死）鸡剖检时可见头部、眼周围、耳和肉髯有水肿，皮下可见黄色胶冻样液体；胸部肌肉、脂肪及胸骨内面有小出血点，腺胃乳头肿胀、轻度出血；胰腺出血、表面有少量的白色或浅黄色坏死点；消化道黏膜广泛出血，尤其是十二指肠黏膜和盲肠扁桃体出血更为明显；呼吸道黏膜充血、出血；心冠脂肪、心肌出血；肝脏肿大、瘀血；脾脏、肺部、肾脏出血；蛋鸡或种鸡的卵泡充血、出血，卵巢萎缩，输卵管内可见乳白色分泌物或凝块，有的可见卵泡破裂引起的卵黄性腹膜炎。

【鉴别诊断】 请参考本书第二章第一节表2-1"大批死亡"的相关叙述。

2. 治疗

该病一旦发生，必须严格按《中华人民共和国动物防疫法》的要求，采取果断措施扑杀感染鸡群（高温处理、深埋或烧毁），常可收到阻止其蔓延和缩短流行过程的效果。严禁将病鸡、死鸡和污染肉品出售。对鸡舍、饲槽、饮水器、用具、栖架及环境进行清扫和消毒。将垃圾、粪便、垫草、吃后剩余饲料等清除、堆积发酵、深埋或烧掉。

注意

做好疫区内人员的防护工作，防止禽流感传染给人。

3. 预防

（1）疫苗免疫接种 目前使用的疫苗品种有灭活疫苗和重组活载体疫苗2大类。灭活疫苗有H5亚型、H9亚型、H5-H9亚型二价和变异株疫苗4类。H5亚型有N28株（H5N2亚型从国外引进，曾售往中国香港和中国澳门用于活鸡免疫）、H5N1亚型毒株、H5亚型变异株（2006年起已在我国北方部分地区使用）、H5N1基因重组病毒Re-1株（是GS/GD/96/PR8的重组毒，广泛用于鸡和水禽）等；H9亚型有SS株和F株等，均为H9N2亚型。重组活载体疫苗有重组新城疫病毒活载体疫苗（rl-H5株）和禽流感重组鸡痘病毒载体活疫苗。为了达到一针预防多病的效果，目前已经有禽流感与其他疫病的二联和多联疫苗，在临床上可根据鸡场的情况选用。

蛋鸡（包括商品蛋鸡与父母代种鸡）的参考免疫程序：14日龄进行首免，肌内注射H5N1亚型禽流感灭活苗或重组新城疫病毒活载体疫苗。35~40日龄时用同样疫苗进行二免。开产前再用H5N1亚型禽流感灭活苗进行强化免疫，以后每隔4~6个月免疫1次。在H9亚型禽流感流行的地区，应免疫H5和H9亚型二价灭活苗。

肉鸡的参考免疫程序：7~14日龄时肌内注射H5N1亚型或H5和H9二价禽流感灭活苗即可，或7~14日龄时用重组新城疫病毒活载体疫苗进行首免，2周后用同样疫苗进行二免。

> **注意**
>
> 鸡注射疫苗时应尽量轻抓轻放，同时做好抗应激的工作（如增加多维素，加强通风和保温等），以减轻应激造成的影响。
>
> 农业部决定从2017年秋季起统一用重组禽流感病毒（H5+H7）二价灭活疫苗（H5N1 Re-8株+H7N9 H7-Re1株）替代重组禽流感病毒H5二价或三价灭活疫苗，对家禽实施免疫。

（2）加强检疫和抗体监测 检疫物包括进口的鸡、水禽、野禽、观赏鸟类、精液、禽产品、生物制品等，严防高致病性禽流感病毒从国外传入。同时，做好免疫鸡群的抗体检测工作，为优化免疫程序和及时免疫接种提供参考依据。

> **提示**
>
> 为了避免由于使用低劣疫苗而导致免疫效果欠佳甚至免疫失败，建议在免疫前和免疫后15日或在1~3日龄、25~28日龄、50~60日龄和120日龄进行禽流感的抗体监测，根据其监测结果及时采取必要的措施。

（3）加强饲养管理 坚持全进全出或自繁自养的饲养方式，在引进种鸡及产品时，一定要选择无禽流感的养鸡场；采取封闭式饲养，饲养人员进入生产区应更换衣、帽及鞋靴；严禁其他养禽场人员参观；生产区设立消毒设施，对进出车辆彻底消毒，定期对鸡舍及周围环境进行消毒，加强带鸡消毒；设立防护网，严防野鸟进入鸡舍；定期消灭养鸡场内的有害昆虫（如蚊、蝇）及鼠类。

(二) 低致病性禽流感

低致病性禽流感主要由中等毒力以下禽流感病毒（如 H9 亚型禽流感病毒）引起，以产蛋鸡产蛋率下降或青年鸡的轻微呼吸道症状和低死亡率为特征，感染后往往造成鸡群的免疫力下降，易发生并发或继发感染。

1. 诊断要点

【临床表现】 病初表现体温升高，精神沉郁，采食量减少或急骤下降，排黄绿色稀便，出现明显的呼吸道症状（咳嗽、啰音、打喷嚏、伸颈张口、鼻旁窦肿胀等），后期部分鸡有神经症状（头颈后仰、抽搐、运动失调、瘫痪等）。产蛋鸡感染后，蛋壳质量变差、畸形蛋增多，产蛋率下降，严重时可停止产蛋。

【剖检病变】 剖检病鸡或死鸡可见口腔及鼻腔积存黏液，并常混有血液；腺胃乳头及其他内脏器官轻度出血；产蛋鸡卵泡充血、出血、变形、破裂，输卵管内有白色或浅黄色胶冻样或干酪样物质。

2. 治疗

对于低致病性禽流感，应采取"免疫为主，治疗、消毒、改善饲养管理和防止继发感染为辅"的综合措施。抗病毒颗粒等抗病毒药对该病毒有一定的抑制作用，可降低死亡率，但不能降低感染率，用药后病鸡仍向外界排出病毒。应用抗生素可以减轻支原体和细菌性并发感染。应用清热解毒、止咳平喘的中成药可以缓解本病的症状，饮水中加入多维电解质可以提高鸡的体质和抗病力。

1）立即注射抗禽流感高免血清或卵黄抗体，每只按 2~3 毫升/千克体重肌内注射。

2）利巴韦林（病毒唑）水溶液（30 毫克/千克体重）和恩诺沙星（25 毫克/千克体重）二者混饮，全群饲喂，连用 5 天。

3）人用抗流感新药（扎那米韦或帕拉米韦），可根据人的用药剂量作相应的调整用于临床禽流感的防治。

4）在发病早期肌内注射禽用基因干扰素或干扰素诱导剂，每只 0.01 毫升，每天 1 次，连用 2 天，有一定疗效。

5）在发病早期肌内注射聚肌胞，每只 0.5~1 毫克，每 3 天 1 次，连用 2~3 次。

6）用金丝桃素（达菲或贯叶连翘提取物），预防剂量为每吨饲料中添加 400 克，连用 7 天；治疗剂量为每只鸡用 50~60 毫克，连用 3~4 天。

7）中草药与抗菌西药结合，如每只成年鸡应用板蓝根注射液（口服液）1~4毫升，1次肌内注射或口服；0.01%~0.02%阿莫西林混饮或混饲，每天2次，连用3~5天；也可选用双黄连注射液（口服液）、柴胡注射液（口服液）、黄芪多糖注射液（口服液）、芪蓝囊病饮、板蓝根口服液（冲剂）、金银花注射液（口服液）、斯毒克口服液，抗病毒颗粒等结合抗生素试治。联用的抗菌药可对症选择，如针对大肠杆菌的可用阿莫西林＋舒巴坦，或阿莫西林＋乳酸环丙沙星，或单用阿莫西林；针对呼吸道症状的可用罗红霉素＋氧氟沙星，或多西环素＋氧氟沙星；兼治鼻炎可用泰灭净。但在这些药物中，多西环素与某些中药口服液混饮会加重苦味，如鸡群厌饮、拒饮，可改用其他药物。病情较重时，用中药口服液的原液（不加水）适量灌服，每天1~2次，连续2~4天。

> **注意**
> 食欲不佳的病鸡不宜用中药散剂拌料喂服。

3. 预防

免疫程序和接种方法同高致病性禽流感，只是所用疫苗必须含有与鸡场所在地一致的低致病性禽流感的毒株即可。

> **提示**
> ①100%的疫苗免疫不等于就能达到100%的免疫效果。②经免疫的鸡，虽然免疫合格率达到70%~100%，但从一个群体来看，抗体水平是不一致的，这种群体发生非典型禽流感的概率并不罕见。③必须防止"一针定乾坤"的想法和做法，既要追求免疫的数量，更要追求免疫的质量，把禽流感的防控与禽群主要疫病的防疫结合起来，与生物安全（消毒、隔离、卫生）结合起来，与提高饲养管理结合起来，才是禽群防疫工作的根本所在。

二、鸡新城疫

（一）典型新城疫

俗称鸡瘟，是由鸡新城疫病毒引起的一种急性、高度接触性传染病。我国已经将其列为一类动物疫病，应引起养鸡工作者的高度重视。

1. 诊断要点

【流行特点】 各种日龄的鸡都可能感染发病，但雏鸡的发病率较成年鸡高。没有免疫接种或接种失败的鸡群一旦感染本病，常在3~5天内波及全群，死亡率可达90%以上；而免疫不均或免疫力不强的鸡群，其发病率和病死率与传入病毒的毒力、鸡群的日龄、饲养状况及疾病的并发情况密切相关。本病一年四季均可发生，以冬春季节发生较多。本病的主要传染源是病鸡或带毒鸭及候鸟，病毒主要经消化道和呼吸道接触传播。

【临床表现】

① 最急性型：发病急、病程短，一般病鸡无特征性症状而突然死亡，多见于疾病流行初期和雏鸡。

② 急性型：起初鸡体温升高达43~44℃，突然减食，饮欲增加，精神沉郁，食欲减退，闭目缩颈，尾下垂，离群呆立一隅，冠、髯呈紫色，嗉囊积液。将病死鸡倒提时，从口腔中流出大量黏液。张口呼吸，喉部发出"咯咯"声，有时打喷嚏，排黄绿色或黄白色恶臭稀粪，产蛋鸡产蛋停止。发病后2~3天死亡数量明显增多。

③ 亚急性型和慢性型：疾病的后期部分鸡出现神经症状，如站立不稳，跛行，垂翅，头颈转向一侧，当惊扰或抢食时，常可见到个别病鸡突然后仰倒地，抽搐就地旋转，数分钟后又恢复正常。成年鸡发病时死亡率较低，但产蛋率急剧下降、蛋壳褪色、软壳蛋增多及剧烈腹泻等。

【剖检病变】 病死鸡剖检时可见口腔、鼻腔、喉气管内有大量浑浊黏液；喉头和气管黏膜充血、出血；嗉囊肿大，内充满酸臭液体和气体；腺胃黏膜水肿，乳头出血；小肠黏膜有枣核形的出血区，略凸出于黏膜表面；盲肠扁桃体肿大、出血和溃疡；直肠黏膜呈条纹状出血。产蛋鸡卵泡充血、出血，有的卵泡破裂使腹腔内有蛋黄液。

【鉴别诊断】 ①病鸡常表现呼吸道症状（呼吸困难），伴发呼噜声、甩头、张口伸颈呼吸等，与此临床表现相似的其他疾病主要有禽流感、传染性支气管炎、传染性喉气管炎、支原体病、传染性鼻炎、曲霉菌病、白喉型鸡痘等。②病鸡腹泻，排黄绿色或黄白色稀粪，有此相似症状的其他疾病有禽流感、鸡传染性法氏囊病、鸡白痢、鸡伤寒等。③病鸡表现为头颈歪斜或扭颈、站立不稳、转圈等神经症状，有此相似症状的其他疾病有传染性脑脊髓炎、维生素E（硒）缺乏症、大肠杆菌性脑炎、沙门氏菌性脑炎、食盐中毒等。④蛋鸡发病时常伴随产蛋率下降，一般为慢性过程，这一现象与传染性脑脊髓炎、传染性喉气管炎、鸡白痢等相似。⑤新城疫发生时常见鸡急性死亡，类似的疫病还有禽流感、鸡霍乱、急性败血型大肠杆菌病、某些毒物中毒等。⑥腺胃乳头出血，有此相似病变的其他疾病包括禽流感、急性禽霍乱、喹乙醇中毒。

2. 治疗

相关治疗方案可参照高致病性禽流感中有关治疗的内容。

对受到传染威胁的鸡群进行详细观察和检查,对临床健康的鸡群用2~3倍剂量的鸡新城疫弱毒疫苗进行点眼、滴鼻、皮下或肌内注射紧急预防接种。

提示

①患病鸡群紧急接种疫苗后的第2~3天,死亡数量有所增加,以后逐日减少,1周左右,鸡群的死亡明显减少,疫情可得到控制。②对可能已受感染的潜伏期病鸡不宜紧急接种疫苗。③紧急接种过程中,如果使用皮下或肌内注射时,尽量做到1只鸡换1个注射针头,最多也不能超过5只鸡,否则容易散播病原和扩大疫情;若注射针头不够时,可一边注射,一边把换下来的针头立即投入正在加热煮沸的水锅内进行灭菌;同时做到注射部位准,剂量足,免疫密度达到100%。

3. 预防

(1)免疫接种 非疫区(或安全鸡场)的鸡群一般在10~14日龄用鸡新城疫Ⅱ系(B1株)、Ⅳ系(LaSota株)、C30、N79、V4株等弱毒苗点眼或滴鼻,25~28日龄时用同样的疫苗进行饮水免疫,并同时肌内注射0.3毫升的新城疫油佐剂灭活苗。疫区鸡群于4~7日龄用鸡新城疫弱毒苗进行首免(点眼或滴鼻),17~21日龄用同样的疫苗同样的方法进行二免,35日龄时进行三免(饮水)。利用监测手段掌握抗体水平,若在70~90天之间抗体水平偏低,则再补做1次弱毒苗的气雾免疫或Ⅰ系苗接种,120天和240天左右分别进行1次油佐剂灭活苗加强免疫即可。

提示

①鸡新城疫弱毒疫苗的首次和二免最好采用点眼或滴鼻的方式进行免疫接种。②进行疫苗免疫注射的前3天和后3天,可将饲料中维生素和微量元素的含量在原有的基础上增加30%,减轻疫苗免疫产生的应激。③鸡场周围若有水禽养殖场,宜选用含新城疫基因Ⅶ型毒株的疫苗进行免疫接种。

(2)重视抗体监测 有条件的鸡场应定期对不同大小的鸡群抽样检

查HI抗体，以便及时了解鸡群的抗体水平的变化情况，为及时采取相应的措施和完善免疫程序提供依据。无条件的鸡场可委托有关单位测定。

（3）严格执行卫生消毒措施 具体做法参照第五章中有关鸡场消毒的相关内容，同时防止其他禽类（如鸭、鹅）、候鸟、犬、猫、鼠等动物进入鸡舍，避免一切可能带进病原的因素。

（二）非典型新城疫

近年来，发现鸡群在免疫接种新城疫弱毒型疫苗后，以高发病率、高死亡率为特征的典型新城疫已十分罕见，代之而起的低发病率、低死亡率、高淘汰率、散发的非典型新城疫却日渐流行。

1. 诊断要点

【临床表现】 非典型新城疫多发生于30～40日龄的免疫鸡群和有母源抗体的雏鸡群。患病雏鸡主要表现为明显的呼吸道症状，病鸡张口伸颈、气喘、呼吸困难，有"呼噜"的喘鸣声、咳嗽，口中有黏液，有摇头和吞咽动作。除有少量死亡外，病鸡还出现神经症状，如歪头、扭颈、共济失调、头后仰呈"观星"状，后退转圈，翅下垂或腿麻痹，安静时恢复常态，尚可采食饮水，病程较长，有的可耐过，稍遇刺激即可发作。成年鸡和开产鸡症状不明显，且极少死亡。蛋鸡产蛋率急剧下降，一般下降20%～30%，软壳蛋、畸形蛋和粗壳蛋明显增多。种蛋的受精率、孵化率降低，弱雏增多。

【剖检病变】 病（死）鸡眼观病变不明显。雏鸡一般见喉头和气管明显充血、水肿、出血、有大量黏液；30%病鸡的腺胃乳头肿胀、出血；十二指肠淋巴滤泡增生或有溃疡；泄殖腔黏膜出血，盲肠、扁桃体肿胀出血等；成鸡发病时病变不明显，仅见轻微的喉头和气管充血；蛋鸡卵巢出血，卵泡破裂后因细菌继发感染引起腹膜炎和气囊炎。

2. 治疗

相关的治疗方案可参照低致病性禽流感中有关治疗的内容。

3. 预防

1）加强饲养管理，执行严格的消毒制度。

2）运用免疫监测手段，提高免疫应答的整齐度，避免"免疫空白期"和"免疫麻痹"。

3）制定合理的免疫程序，选择正确的疫苗，使用正确的免疫途径进行免疫接种。表4-1介绍了临床实践中已经取得良好效果的预防鸡非典型新城疫的疫苗使用方案，供参考。

表 4-1 具有良好临床效果的预防鸡非典型新城疫的疫苗使用方案

免疫时间	疫苗种类	免疫方法
1 日龄	C30 + Ma5	点眼
21 日龄	C30	点眼
8 周龄	Ⅳ系、N79、V4 等	点眼或饮水
13 周龄	Ⅳ系、N79、V4 等	点眼或饮水
16～18 周龄	Ⅳ系、N79、V4 等 新支减流四联油乳剂灭活疫苗	点眼或饮水 肌内注射
35～40 周龄	Ⅳ系、N79、V4 等 新流二联油乳剂灭活疫苗	点眼或饮水 肌内注射

注：为加强鸡的局部免疫，可在 16～18 周龄与 35～40 周龄中间，采用喷雾法用鸡新城疫弱毒苗免疫 1 次，以获得更全面的保护。

三、鸡传染性法氏囊病

（一）典型传染性法氏囊病

本病是由鸡传染性法氏囊病毒引起的中幼雏鸡发生的一种急性接触性、免疫抑制性传染病。该病主要侵害鸡的体液免疫中枢器官——法氏囊，所以鸡群发生本病后，不仅会造成一部分鸡死亡，更重要的是可导致鸡体液免疫机能障碍，降低机体对一些疾病的抵抗力，给养鸡生产造成严重损失。

1. 诊断要点

【流行特点】 本病的易感性与鸡法氏囊的发育阶段有关，2～15 周龄易感，其中 3～5 周龄最易感，法氏囊已退化的成年鸡只发生隐性感染。本病一旦发生便迅速传播，同群鸡约在 1 周内均可被感染，感染率可达 100%，若不采取措施，邻近鸡舍在 2～3 周后也可被感染发病，一般发病后第 3 天开始死亡，5～7 天内死亡达到高峰并很快减少，呈尖峰形死亡曲线。死亡率一般为 5%～15%，最高可高达 40%。本病一年四季均有发生，但在 4～6 月间多发。本病的主要传染源是病鸡和隐性感染鸡，病毒主要经消化道和呼吸道或被病毒污染的媒介（如饲料、饮水、粪便）传播。

【临床表现】 表现为发病突然，病势严重。初、中期鸡体温升高可达 43℃，后期体温下降。精神不振，采食下降，怕冷，扎堆，伏地昏睡，走动时步态不稳。羽毛蓬松，颈部羽毛略呈现逆立。排白色石灰水样粪便，趾爪干枯，眼窝凹陷，最后衰竭而死。有时病鸡频频啄肛，严重者尾部被啄出血。发病1周后，病亡鸡数逐渐减少，迅速康复。

【剖检病变】 见法氏囊肿胀，一般在发病后第4天肿至最大，为原来的2倍左右。囊外有淡黄色胶冻样渗出物，纵行条纹变得明显，囊内黏膜水肿、充血、出血、坏死，并有奶油样或棕色的渗出物，严重者法氏囊外观呈紫葡萄样。发病后第5天法氏囊开始萎缩，第8天以后仅为原来的1/3左右，萎缩后黏膜失去光泽，较干燥，呈灰白色或土黄色，渗出物大多消失。胸肌和腿肌有条纹状或斑块状出血；腺胃与肌胃交界处的黏膜有条状出血带；肾脏肿大呈花斑样，输尿管扩张，内有尿酸盐沉积。

【鉴别诊断】 ①传染性法氏囊病鸡腹泻，排白色水样稀粪，表现相似症状的其他疾病有肾型传染性支气管炎、痛风、鸡白痢、大肠杆菌病等。②传染性法氏囊病剖检见胸肌和腿肌出血，表现相似症状的其他疾病主要有鸡住白细胞原虫病、磺胺类药物中毒等。③传染性法氏囊病剖检见肾脏苍白肿大、有尿酸盐沉积，输尿管扩张、有尿酸盐沉积，表现相似症状的其他疾病主要有肾型传染性支气管炎、痛风、维生素A缺乏症、磺胺类药物中毒等。④传染性法氏囊病剖检见法氏囊可能肿大或缩小，应注意与由鸡马立克氏病和淋巴白血病引起的类似病变相区别。

2. 治疗

宜采取抗体疗法，同时配合抗病毒、抗感染辅助疗法。

1）立即注射抗鸡传染性法氏囊病高免血清，利用病愈鸡的血清［中和抗体价在1∶（1 024～4 096）之间］或人工高免鸡的血清［中和抗体价在1∶（16 000～32 000）之间］，每只皮下或肌内注射0.1～0.3毫升，必要时第2天再注射1次。同时在饮水中加入如恩诺沙星（25毫克/千克体重）、复合多维和黄芪多糖等，可显著提高疗效。

提示

抗体治疗的效果一方面取决于治疗时间的早或晚，另一方面取决于抗体效价的高低。对于重症或发病中后期患鸡的治疗效果较差，如果在抗血清中加入干扰素，效果更好。

2）立即注射抗鸡传染性法氏囊病高免卵黄抗体（每瓶加入青霉素钠 800 万国际单位和链霉素 500 万国际单位），每只皮下或肌内注射 1.5 ~ 2 毫升，必要时第 2 天再注射 1 次。利用高免卵黄抗体进行法氏囊病的紧急治疗效果较好，但也存在一些问题：一是卵黄抗体中可能存在垂直传播的病毒（如禽白血病、产蛋下降综合征等病的病毒）和病菌（如大肠杆菌或沙门氏菌等），接种后造成新的感染；二是卵黄中含有大量蛋白质，注射后可能造成应激反应和过敏反应等；三是卵黄液中可能含有多种疫病的抗体，注射后干扰预定的免疫程序，导致免疫失败。

3）复方炔诺酮片（每片含炔诺酮 0.6 毫克，炔雌酮 0.035 毫克），每千克体重 0.5 片，口服或混于饲料中，每天喂 2 次，连喂 2 ~ 3 天。

4）防治本病的商品中成药有：速效管囊散、速效囊康、独特（荆防解毒散）、克毒Ⅱ号、瘟病消、瘟喘康、黄芪多糖注射液（口服液）、芪蓝囊病饮、病菌净口服液、抗病毒颗粒等结合抗生素试治。

> **提示**
>
> 在运用上述方法进行治疗时，在饮水中加入商品化水盐及酸碱平衡调节剂（肾肿解毒药、肾肿消、益肾舒、肾宝、活力健、肾康、益肾舒等）或口服补液盐（氯化钠 3.5 克、碳酸氢钠 2.5 克、氯化钾 1.5 克、葡萄糖 20 克，水 2 500 ~ 5 000 毫升）等，让鸡自饮或喂服，每天 1 ~ 2 次，连用 3 ~ 4 天。同时在饮水中加入抗生素（如环丙沙星、氧氟沙星、卡那霉素等）和 5% 的葡萄糖，效果更好。

3. 预防

1）免疫接种。鸡传染性法氏囊病的疫苗有 2 大类，活疫苗和灭活苗。活疫苗分为 3 种类型：一类是温和型或低毒力型的活苗，如 A80、D78、PBG98、LKT、LZD228 等；另一类是中等毒力型活苗，如 IBD-B2、BJ836、Cu1M、B87、WS-2、Lukert 细胞毒等；再一类是高毒力型的活疫苗，如低代次的 2512 毒株、J1 株等。灭活苗有 CJ-801-BKF 株、X 株、强毒 G 株等。现提供 4 种免疫程序，供参考。

① 对于母源抗体水平正常的种鸡群，可于 2 周龄时选用中等毒力活疫苗进行首免，5 周龄时用同样疫苗进行二免，产蛋前（20 周龄时）和 38 周龄时各注射油佐剂灭活苗 1 次。

② 对于母源抗体水平正常的肉用雏鸡或蛋鸡，10 ~ 14 日龄选用中等

毒力活疫苗进行首免，21~24日龄时用同样疫苗进行二免。

③ 对于母源抗体水平偏高的肉用雏鸡或蛋鸡，18日龄选用中等毒力活疫苗进行首免，28~35日龄时用同样疫苗进行二免。

④ 对于母源抗体水平低或无的肉用雏鸡或蛋鸡，1~3日龄时用低毒力活疫苗（如D78株），或1/2~1/3剂量的中等毒力活疫苗进行首免，10~14日龄时用同样疫苗进行二免。

2）完善鸡群的环境条件，避免应激发生。

3）在本病流行区的鸡场，在前后两批鸡的间隔期间，应对鸡舍进行彻底打扫、消毒，加强隔离措施，严格限制无关人员进入鸡舍。

4）抗体被动免疫。对于受到鸡传染性法氏囊病威胁的鸡群或病毒污染比较严重的鸡场，每只鸡皮下注射1~1.5毫升高免血清或高免卵黄液，可有效地控制该病的发生和蔓延。

> **注意**
>
> 当采用上述疫苗、高免血清或高免卵黄抗体免疫鸡群，仍然不能控制鸡传染性法氏囊病的发生时，在排除了疫苗及抗体的质量和其他并发症等因素之后，应考虑变异株传染性法氏囊病的存在，宜采取当地鸡传染性法氏囊病毒分离株制备疫苗，或用病死鸡的病理组织制成组织灭活疫苗进行预防接种。

（二）变异株传染性法氏囊病

自从1985年J. K. Rosenberger在美国首次证实传染性法氏囊病毒变异株流行以来，变异株传染性法氏囊病就成为养鸡者和学术研究人员关心的议题。

1. 诊断要点

（1）发病日龄范围变宽 早发病例出现在20日龄之前，迟发病例推迟到160日龄，发病日龄范围明显比典型传染性法氏囊病拓宽，即发病日龄有明显提前和拖后的趋势，特别是由变异株传染性法氏囊病病毒引起的3周龄以内的鸡感染后通常不表现临床症状，而呈现早期亚临床型感染，可引起严重而持久的不可逆的免疫抑制；而90日龄时发病比例明显增大，这很可能与蛋鸡二免后出现的自90日龄到开产之间的抗体水平较低有关，应该引起养鸡者的重视。

（2）多发于免疫鸡群 病程延长，死亡率明显降低，且有复发倾向,主要原因是免疫鸡群对鸡传染性法氏囊病毒有一定的抵抗力,个别或部分抗体水平较低的鸡感染发病,成为传染源,不断向外排毒,其他鸡陆续发病,从而延长了病程,一般病程超过10天,有的长达30多天。死亡率明显降低,一般在2%以下,个别达到5%,此外治愈鸡群可再次发生本病。

(3) 剖检变化不典型 法氏囊呈现的典型变化明显减少;肌肉(腿肌、胸肌)出血的情况显著增加;肾脏肿胀较轻,尿酸盐很少沉积;病程越长,症状和病变越不明显,病鸡多食欲正常,粪便较稀,肛门清洁有弹性,肠壁肿胀呈黄色。

2. 治疗

请参考本节鸡传染性法氏囊病的治疗部分。

3. 预防

(1) 加强种鸡免疫 发病日龄提前的一个主要原因是雏鸡缺乏母源抗体的保护。较好的种鸡免疫程序是:种鸡用传染性法氏囊D78的弱毒苗进行二免,在18~20周龄和40~42周龄再各注射1次油佐剂灭活苗。

(2) 选用合适疫苗进行疫苗接种 这是预防本病的主要途径,由于毒株变异或毒力变化,先前的疫苗和异地的疫苗难以奏效,应选用合适的疫苗(如含本地鸡场感染毒株或中等毒力的疫苗)。另外,灭活疫苗与活疫苗的配套使用也是很重要的。对于自繁自养的鸡场来说,从种鸡到雏鸡,免疫程序应当一体化,雏鸡群的首免可采用弱毒疫苗,然后用灭活疫苗加强免疫或用弱毒疫苗与灭活疫苗配套使用的免疫程序,也可使用新型疫苗,如VP5基因缺失疫苗等。

(3) 加强饲养管理 合理搭配饲料,减少应激,提高鸡机体的抗病力。

四、鸡传染性支气管炎

(一) 呼吸型传染性支气管炎

本病是由鸡传染性支气管炎病毒引起的鸡急性、高度接触性的呼吸道疾病。

1. 诊断要点

【流行特点】 各种日龄、品种的鸡都可发病,但以6周龄以下的雏鸡最严重,本病在鸡群中传播迅速,几乎在同一时间内,有接触史的易感鸡均可感染,在一个鸡群中的流行过程为2~3周,仔鸡的病死率在

6%～30%。6周龄以上的鸡感染后呼吸道症状轻微，产蛋鸡产蛋率急剧下降，且难以恢复。本病一年四季均可发生，但以冬春季节最严重。本病的主要传染源是病鸡和康复后的带毒鸡，其病毒可通过空气飞沫或饮水、饲料从呼吸道或消化道感染。

【临床表现】 病雏表现为伸颈、张口喘息，伴有啰音和嘶哑的声音，打喷嚏和流鼻液，有时伴有流泪和面部水肿。出现呼吸道症状2～3天后，精神、食欲大受影响，病死率的高低与毒株的毒力、环境因素和并发症有关。育成鸡呈现半张口呼吸，咳嗽，发出"吼吼"的声音；为排出气管内的黏液，频频甩头；发病3～4天后，出现腹泻，粪便呈黄白色或绿色，一般病死率不高。产蛋鸡除出现气管啰音、喘气、咳嗽、打喷嚏等症状外，突出的表现是产蛋率显著下降（约下降50%），并产软壳蛋、畸形蛋和粗壳蛋。即使在产蛋率逐步恢复后的一段时间内，蛋质会变差，蛋黄与蛋白分开，蛋白稀薄呈水样，或者蛋白粘在壳膜的内层，病程10～20天。

【剖检变化】 剖检病鸡可见气管、支气管、鼻腔和鼻旁窦内有水样或黏稠的黄白色渗出物，黏膜肥厚；有的病例在气管内有灰白色痰状栓子，肺充血、水肿；气囊混浊、变厚、有渗出物。2周龄的雏鸡感染后，有的输卵管受到永久性损害，即发生输卵管发育受阻、变细、变短或呈囊状，失去正常功能。产蛋期发病时可见卵泡充血、出血，有的萎缩、变形，输卵管水肿。

【鉴别诊断】 ①病鸡表现呼吸道症状（呼吸困难），如发出呼噜声、甩头、张口伸颈呼吸等，表现相似症状的其他疾病主要有禽流感、新城疫、传染性喉气管炎、支原体病、传染性鼻炎、曲霉菌病、白喉型鸡痘等。②蛋鸡发病时产蛋率下降，一般呈急性经过，这一现象也见于产蛋下降综合征、禽流感、鸡小肠球虫病等。

2. 治疗

选用抗病毒药抑制病毒的繁殖，添加抗生素防止继发感染，用黄芪多糖等提高鸡群的抵抗力，配合镇咳等对症疗法。

（1）加强饲养管理 改善鸡群的饲养和管理环境，提高育雏室温度2～3℃，防止应激因素，保持鸡群安静，降低饲料蛋白质的水平，增加维生素用量，供给充足清洁的饮水。

（2）防止继发感染 在饲料或饮水中添加抗生素，如环丙沙星、氧氟沙星、林可霉素或咳喘灵等（用药剂量请参考第四章第二节鸡大肠杆菌病治疗部分），以防细菌继发感染。

（3）扩张支气管 用氨茶碱片口服，每只鸡每天 1 次，用量为 0.5～1 克，同时肌内注射青霉素（每只 3 000 国际单位）和链霉素（每只 4 000 国际单位），连用 4 天。

（4）抗病毒 请参考本节低致病性禽流感的治疗。

3. 预防

（1）免疫接种 在 4～5 日龄或 2 周龄用 H120 弱毒苗或新城疫-传染性支气管炎二联苗滴鼻、点眼、气雾和饮水；5 周龄或 1 月龄接种第 2 次。种用鸡在 2～4 月龄加强 1 次，用毒力较强的 H52 疫苗，免疫期 5～6 个月。种鸡和蛋鸡在开产前用油乳剂灭活苗（或多联苗）肌内注射 1 次，以使雏鸡在 3 周龄内获得母源抗体的保护。

> **注意**
>
> H52、H120 为世界广泛使用的疫苗，抗原性广，可一并保护麻株所致损害，但 H52 对肾脏具有病原性，H120 则没有，两者对法氏囊可造成损害，会对新城疫疫苗产生干扰，所以两者如使用单一疫苗需间隔 10 天以上，而使用联合疫苗或同时使用（剂量适当）则不会产生干扰。

（2）做好引种和卫生消毒工作 防止从病鸡场引进种鸡，做好防疫、消毒工作；加强饲养管理，注意鸡舍环境卫生；做好冬季保温，并保持通风良好，防止鸡群密度过大；供给营养优良的饲料；有易感性的鸡不能和病愈鸡或来历不明的鸡接触或混群饲养。

> **注意**
>
> 及时淘汰患病幼龄母鸡，因幼龄母鸡感染传染性支气管炎病毒后会引起输卵管永久性退化，丧失产蛋能力，故不能留做蛋用或种用。

（二）肾病型传染性支气管炎

近 20 年来，我国一些地区发生一种以肾病变为主的支气管炎，临床上以突然发病、迅速传播、排白色稀粪、渴欲增加、严重脱水、肾脏肿大为特征。

1. 诊断要点

【临床表现】 主要见于 20～50 日龄的雏鸡，其发病与环境应激

（特别是冷应激）有关。典型的病程分为两个阶段：第一阶段出现轻微的呼吸道症状，往往不被察觉，经2~4天症状近乎消失，表面上"康复"；第二阶段是发病后10~12天，出现严重的全身症状，精神沉郁，羽毛松乱，厌食，排白色石灰水样稀粪，失水，脚趾干枯。整个病程21~25天，发病率和死亡率因感染日龄、病毒毒力大小和饲养管理条件而不同，通常在5%~45%不等。

【剖检病变】 主要表现为肾脏肿大，苍白；肾小管和输尿管扩张，充满白色的尿酸盐，外观呈花斑状，称之为"花斑肾"。盲肠后段和泄殖腔中常沉积白色的尿酸盐，有的病例可见呼吸道病变。

【鉴别诊断】 本病剖检见肾脏和输尿管有大量的尿酸盐沉积，表现相似症状的疾病还有传染性法氏囊病、痛风等。

2. 治疗

选用抗病毒药抑制病毒的繁殖，添加抗生素防止继发感染，用黄芪多糖等提高鸡群的抵抗力（同鸡传染性支气管炎的治疗），其他对症疗法如下。

（1）减轻肾脏负担 将日粮中的蛋白质水平降低2%~3%，禁止使用对肾有损伤的药物，如庆大霉素、磺胺类药物等。

（2）维持肾脏的离子及酸碱平衡 可在饮水中加入肾肿解毒药（肾肿消、益肾舒或口服补液盐）或饮水中加5%葡萄糖或0.1%盐水和0.1%维生素C，并且饮水要供应充足，连用3~4天，有较好的辅助治疗作用。

（3）中草药疗法 中草药方剂（板蓝根、山荆芥、防风、射干、山豆根、苏叶、甘草、地榆炭、桔梗、炙杏仁、紫菀、川贝母、苍术等各适量炮制粉碎，过筛混匀备用）拌料或饮水投喂，有一定的效果。

3. 预防

肉仔鸡预防肾型传染性支气管炎时，1日龄用新城疫Ⅳ系、H120和28/86三联苗点眼或滴鼻进行首免，15~21日龄用Ma5点眼或滴鼻进行二免。蛋鸡预防肾型传染性支气管炎时，1~4日龄用Ma5或H120或新城疫传染性支气管炎二联苗点眼或滴鼻进行首免，15~21日龄用Ma5点眼或滴鼻进行二免，30日龄用H52点眼或滴鼻，6~8周龄时用新支二联弱毒苗点眼或滴鼻，16周龄时用新支二联灭活油乳剂苗肌内注射。

（三）腺胃型传染性支气管炎

本病1996年首发于山东，临床上以呼吸道症状、生长停滞、消瘦死亡、腺胃肿大为特征。

1. 诊断要点

【临床表现】 主要发生于 20~80 日龄，以 20~40 日龄为发病高峰。人工感染潜伏期 3~5 天。病鸡初期生长缓慢，继而精神不振，闭目，饮食减少，拉稀，有呼吸道症状；中后期高度沉郁，闭目，羽毛蓬乱，咳嗽，张口呼吸，消瘦，最后衰竭死亡。病程为 10~30 天，有的可达 40 天。发病率和死亡率差异较大，发病率为 10%~95%，死亡率为 10%~95%。

【剖检病变】 初期病鸡消瘦，气管内有黏液；中后期腺胃肿大，如乒乓球状，腺胃壁增厚、黏膜出血和溃疡，个别鸡腺胃乳头肿胀、出血或乳头凹陷、消失，周边坏死、出血、溃疡。胸腺、脾脏和法氏囊萎缩。

2. 治疗

请参照鸡传染性支气管炎中有关治疗的叙述。

3. 预防

（1）免疫接种 7~16 日龄用 VH-H120-28/86 滴鼻，同时颈部皮下注射新城疫-腺胃型传染性支气管炎-肾型传染性支气管炎三联苗 0.3~0.5 毫升，2 周后再用新城疫-腺胃型传染性支气管炎-肾型传染性支气管炎三联苗 0.4~0.5 毫升颈皮下注射 1 次。

（2）其他预防措施 请参考本节鸡传染性支气管炎中有关预防的叙述。

（四）支气管堵塞型传染性支气管炎

1991 年英国暴发了一种引起蛋用种鸡死亡率增高和深层肌肉坏死的变异型传染性支气管炎（4/91 或 793/B）。该病可危害雏鸡和成鸡，除了可感染产蛋鸡外，也可感染肉鸡。传统疫苗（H120、H52、Ma5）对此病无效。临床上以咳嗽、打喷嚏、气管啰音、鸡冠发绀、单侧或双侧支气管堵塞为特征。1996 年从北京地区分离到类 4/91 传染性支气管炎病毒，目前该病在我国华南、西南等地区有一定的流行。

1. 诊断要点

【临床表现】 病鸡初期仅有轻度的呼吸道症状，3~4 周后病鸡精神沉郁，闭眼嗜睡，腹泻，眼睑和下颌肿胀，鸡冠发绀，咳嗽、打喷嚏、气管啰音等呼吸道症状，生长迟缓；后期肉鸡会出现严重的死亡，死亡率为 20%~50% 不等。蛋鸡或种鸡感染后还会出现产蛋率下降（≥30%），产软壳蛋或蛋壳颜色变浅，有的病例出现肌肉震颤，迅速衰竭死亡。

【剖检病变】 初期病鸡气管内有黏液和上皮细胞脱落构成的混合物，中后期见气管下部及支气管内有白色干酪样渗出物。死亡病鸡往往是双侧支气管堵塞。

病鸡呼吸困难，剖检见支气管堵塞

2. 治疗

请参照鸡传染性支气管炎中对有关治疗的叙述。

3. 预防

（1）免疫接种 在疫区或受威胁区用含有 4/91 或 793/B 毒株的传染性支气管炎多价疫苗按传染性支气管炎的免疫程序进行免疫即可。

（2）其他预防措施 请参考本节鸡传染性支气管炎中有关预防的叙述。

五、鸡传染性喉气管炎

本病是由鸡传染性喉气管炎病毒引起的一种急性、高度接触性的上呼吸道传染病，是集约化养鸡场出现的重要疫病之一。

1. 诊断要点

【流行特点】 不同品种、性别、日龄的鸡均可感染本病，但通常只有育成鸡和成年产蛋鸡才表现出典型的临床症状。本病在易感鸡群中传播迅速，感染率可达 90%～100%，死亡率为 5%～70%。饲养管理条件不良，如空气污浊、缺乏某些维生素或微量元素、寄生虫或慢性病的感染等情况下，都可诱发或加重本病。本病一年四季都可发生，但以寒冷的季节多见。本病的主要传染源是病鸡，其病毒主要是通过呼吸道、眼结膜、口腔侵入体内，也可经消化道传播，是否经种蛋垂直传播还不清楚。

【临床表现】 4～10月龄的成年鸡感染该病时多出现特征性症状。发病初期，常有数只鸡突然死亡，其他患鸡开始流泪，流出半透明的鼻液。经 1～2 天后，病鸡出现特征性的呼吸道症状，包括伸颈、张嘴、喘气、打喷嚏，不时发出"咯咯"声，并伴有啰音和喘鸣声、咳嗽、甩头并咳出血痰和带血液的黏性分泌物。在急性期，此类病鸡增多，带血样分泌物污染病鸡的嘴角、颜面及头部羽毛，也污染鸡笼、垫料、水槽及鸡舍墙壁等。多数病鸡体温升高至 43℃以上，间有下痢。最后病鸡往往因窒息而死亡。产蛋鸡发病时产蛋率下降 10%～20% 甚至更多。本病的病程不长，通常7日左右症状消失，但大群笼养蛋鸡感染时，从发病开始到终息，需要4~5周。产蛋高峰期产蛋率下降10%~20%的鸡群，约1个月后恢复正常；而产蛋率下降超过40%的鸡群，一般很难恢复到产前水平。

【剖检病变】 病死鸡剖检的特征性病变为喉头和气管黏膜肿胀、充血、出血，甚至坏死，气管内有血凝块、黏液或浅黄色干酪样渗出物，有时喉头和气管完全被黄色干酪样渗出物堵塞，干酪样物质易剥离。

【鉴别诊断】 请参考本书第二章第五节"鸡呼吸困难的诊断思路及鉴别诊断"的相关叙述。

2. 治疗

早期确诊后可紧急接种疫苗或注射高免血清，有一定的治疗效果。投服抗菌药物，对防止继发感染有一定的作用，采取对症疗法可减少死亡。

（1）**紧急接种** 用传染性喉气管炎活疫苗对鸡群作紧急接种，采用泄殖腔接种的方式。具体做法为：每克脱脂棉制成10个棉球，每个鸡用1个棉球，以每个棉球吸水10毫升的量计算稀释液，将疫苗稀释成每个棉球含有3倍的免疫量，将棉球浸泡其中后，用镊子夹取1个棉球，通过鸡肛门塞入泄殖腔中并旋转晃动，使其向泄殖腔四壁涂抹，然后松开镊子并退出，让棉球暂留于泄殖腔中。

> **提示**
>
> 若鸡在产蛋高峰期发病，产蛋率短期突然大幅度下降超过40%，病鸡康复后其产蛋率很难再上高峰，应引起重视。

（2）**对症疗法** 用"麻杏石甘口服液"饮水，用以平喘止咳，缓解症状；干扰素肌内注射，每瓶用250毫升生理盐水稀释后每只鸡注射1毫升；用喉毒灵给鸡饮水，同时在饮水中加入林可霉素（每升饮水中加0.1克）或在饲料中加入多西环素粉剂（每50千克饲料中加入5~10克）以防止继发感染，连用4天；用0.02%氨茶碱给鸡饮水，连用4天；饮水中加入黄芪多糖，连用4天。

（3）**加强消毒和饲养管理** 发病期间用12.8%戊二醛溶液与水按1∶1000，10%聚维酮碘溶液与水按1∶500喷雾消毒，每天1次，交替进行；提高饲料中蛋白质和能量水平，并注意营养的全面性和适口性。

3. 预防

（1）免疫接种 现有的疫苗有冻干活疫苗、灭活苗和基因工程苗等。下面提供2种免疫程序供参考。

① 未污染的蛋鸡和种鸡场：50日龄时进行首免，选择冻干活疫苗，点眼的方式进行，90日龄时用同样疫苗同样方法再免1次。

② 污染的鸡场：30～40日龄进行首免，选择冻干活疫苗，点眼的方式进行，80～110日龄用同样疫苗同样方法进行二免；或20～30日龄首免，选择基因工程苗，以刺种的方式进行接种，80～90日龄时选冻干活疫苗，点眼的方式进行二免。

> **注意**
>
> 该弱毒苗在接种后的8天内会对鸡新城疫的免疫有干扰和抑制作用。

（2）加强饲养管理 改善鸡舍通风，注意环境卫生，并严格执行消毒卫生措施。不要引进病鸡和带毒鸡。病愈鸡不可与易感鸡混群饲养，最好将病愈鸡淘汰。

六、鸡痘

本病是由鸡痘病毒引起的一种急性、热性、高度接触性传染病。

1. 诊断要点

【流行特点】 各种品种、日龄的鸡都可受到侵害，但以雏鸡和青年鸡较多见，并且以大冠品种鸡的易感性较高，雏鸡可引起较高的病死率。鸡舍通风不良、阴暗、蚊蝇多，鸡群拥挤、饲养管理条件差，可加重病情。本病常在夏季暴发。本病的主要传染源是病鸡，其病毒随病鸡的皮屑和脱落的痘痂等散布到饲养环境中，通过受损伤的皮肤、黏膜和蚊子、蝇及其他吸血昆虫的叮咬传播。

【临床表现】 本病的潜伏期为4～10天，鸡群常是逐渐发病。根据发病部位的不同可分为皮肤型、黏膜型、混合型3种。①皮肤型：在鸡冠、肉髯、眼睑、嘴角等部位出现痘斑，有时也见于腿、爪、泄殖腔和翅内侧等无毛或少毛部位。典型发痘的过程顺序是红斑—痘疹（呈黄色）—糜烂（暗红色）—痂皮（巧克力色）—脱落—痊愈。人为剥去痂皮会露出出血病灶。病程持续30天左右，一般无明显全身症状，若有感染细菌，结节则形成化脓性病灶。雏鸡的症状较重，产蛋鸡产蛋减少或停止。②黏膜型：痘斑发生于口腔、咽喉、食道或气管，病初呈圆形黄色斑点，以后小结节相互融合形成黄白色伪膜，随后变厚成棕色痂块，不易剥离，常引起呼吸、吞咽困难，甚至窒息而死。③混合型：是指病鸡的皮肤和黏膜同时受到侵害。

【剖检病变】 在皮肤和（或）黏膜上可见到处于不同时期的病灶，如小结节、大结节、结痂或疤痕等。肠黏膜可出现小点状出血，肝、脾、肾脏肿大，心肌有时呈实质性变性。

【鉴别诊断】 ①本病食道黏膜上出现的伪膜病变与维生素 A 缺乏症有相似之处。②本病无毛部位的结节，与皮肤型马立克氏病、泛酸或生物素缺乏症有相似之处。③本病表现呼吸道症状且有气管的病变，与传染性喉气管炎相似，应加以区别。

2. 治疗

一旦发现应先隔离病鸡，再进行治疗。而对重病鸡或死亡鸡应作无害化处理（烧毁或深埋）。

（1）特异疗法 用患过鸡痘的康复鸡血液，每天给病鸡注射 0.2～0.5 毫升，连用 2～5 天，疗效较好。

（2）抗病毒 请参考第四章第一节低致病性禽流感中对有关治疗的叙述。

（3）对症疗法 ①皮肤型鸡痘一般不进行治疗，必要时可用镊子剥除痂皮，在伤口涂擦紫药水或碘酊消毒。黏膜型鸡痘的口腔和喉黏膜上的伪膜，妨碍病鸡的呼吸和吞咽运动，可用镊子除去伪膜，黏膜伤口涂以碘甘油（碘化钾 10 克，碘片 5 克，甘油 20 毫升，混合后加蒸馏水 100 毫升）。眼部肿胀的，可用 2% 硼酸溶液或 0.1% 高锰酸钾溶液冲洗干净，再滴入一些 5% 蛋白银溶液。剥离的痘痂、伪膜或干酪样物质要集中销毁，避免散毒。②饲料或饮水中添加抗生素，如环丙沙星和氧氟沙星等防止继发感染。③在饲料中增添维生素 A、鱼肝油等有利于鸡体的恢复。

（4）中草药疗法 ①将金银花、连翘、板蓝根、赤芍、葛根各 20 克，蝉蜕、甘草、竹叶、桔梗各 10 克，水煎取汁，备用（为 100 只鸡用量）。用药液拌料喂服或饮服，连服 3 天，对治疗皮肤与黏膜混合型鸡痘有效。②将大黄、黄檗、姜黄、白芷各 50 克，生南星、陈皮、厚朴、甘草各 20 克，天花粉 100 克，一起研末细末，备用。临用前取适量药物置于干净盛器内，水酒各半调成糊状，涂于剥除鸡痘痂皮的创面上，每天2次，3天即可痊愈。

3. 预防

（1）免疫接种 免疫预防使用的是活疫苗，常用的有鸡痘鹌鹑化疫苗F282E株（适合20日龄以上的鸡接种）、鸡痘汕系弱毒苗（适合小日龄鸡免疫）和澳大利亚引进的自然弱毒M株。疫苗开启后应在2小时内用完。接种方法采用刺种法或毛囊接种法。刺种法更常用，是用消过毒的钢笔尖或带凹槽的特制针蘸取疫苗，在鸡翅内侧无血管处皮下刺种。毛囊接种法适合40日龄以内的鸡群，是用消毒过的毛笔或小毛刷蘸取疫苗涂擦在颈背部或腿外侧拔去羽毛后的毛囊上。一般刺种后14天即可产生免疫力。雏鸡的免疫期为2个月，成年鸡免疫期为5个月。一般免疫程序为：20~30日龄时进行首免，开产前进行二免；或1日龄用弱毒苗进行首免，20~30日龄时进行二免，开产前再免疫1次。

> **提示**
>
> 该疫苗接种后5天左右应检查接种部位是否有轻微红肿、水泡或结痂，如果80%以上的鸡有反应，说明接种成功。如果反应率很低，应考虑重新接种。

（2）平时做好卫生防疫工作，杜绝传染源 引进鸡种时应隔离观察，证明无病时方可入场。驱除蚊虫和其他吸血昆虫。经常检查鸡笼和器具，以避免雏鸡受外伤。

七、鸡包涵体性肝炎

本病是由腺病毒引起的一种肝脏损害性传染病。

1. 诊断要点

【流行特点】 本病多发于3~7周龄的鸡，较集中在5周龄前后，感染过法氏囊病的鸡群易发本病。本病在鸡群中的传播速度比较缓慢，所有的鸡均被感染则需经数周的时间。在鸡舍通风不良、鸡群密集的条件下还可使隐性感染显性化。发病率可高达100%，病死率2%~10%，偶尔也可达30%~40%。本病的主要传染源是病鸡和带毒鸡，可经消化道、呼吸道及眼结膜传播，种鸡在开产前或产蛋中感染本病后1~2周所产种蛋内含有病毒，可经孵化传染给雏鸡。

【临床表现】 在生长鸡群中突然出现死鸡,接着出现部分病鸡,表现为精神委顿、羽毛逆立,食欲减少,腹泻,嗜睡,有的病鸡表现贫血、黄疸,经 1~2 天后死亡。在发病后 3~5 天死亡率增加,每天的死亡率为 0.5%~1%,可持续 3~5 天,之后逐渐停止。

【剖检病变】 肝脏肿大,表面有不同程度的点状、斑状或全面密发出血,有的可见肝脏表面有血凝块。病程稍长的鸡有肝萎缩,并发肝包膜炎。若病毒侵害骨髓,会有明显贫血、胸肌、骨骼肌、皮下组织、肠管黏膜、脂肪等处有广泛的出血或带黄色。特征性组织学变化是肝细胞出现核内包涵体。

【鉴别诊断】 应注意与传染性法氏囊病、球虫病和磺胺类药物中毒引起的再生障碍性贫血相区别。

2. 治疗

目前尚没有特效的治疗药物。

3. 预防

由于本病毒的血清型很多,故疫苗接种的可靠程度不一,因此,控制本病的诱因要比接种疫苗更为有效。

(1) 加强饲养管理 防止或消除一切应激因素(过冷、过热、通风不良、营养不足、密度过高、贼风及断喙过度等)。

(2) 杜绝传染源传入 从安全的种鸡场引进苗鸡或种蛋。若苗鸡来自可疑种鸡场,应在本病可能暴发前 2~3 天(根据以往病史),适当喂给抗菌药物,连续喂 4~5 批出壳的雏鸡,同时再添加铁、铜、钴等微量元素,同时用碘制剂、次氯酸钠等消毒剂进行消毒。

(3) 做好其他免疫抑制性疾病的防疫和净化工作 腺病毒广泛存在于鸡群中,一般是在免疫抑制时才发生,因此必须做好传染性法氏囊病、传染性贫血病等的免疫预防和净化工作。

八、鸡心包积水综合征

本病又称心包积液-肝炎综合征。是由Ⅰ亚群禽腺病毒血清 4 型引起的一种新型鸡传染病。本病最早在 1987 年发生在巴基斯坦的安卡拉地区,故被称为 Angara 病,其后在印度、伊拉克、秘鲁、厄瓜多尔、智利、俄罗斯和孟加拉国等国家或地区也相继发现。我国最早于 2013 年有报道发现此类病例,2014 年之后,本病在河南、山东、安徽、江苏等养鸡较密集的省份和地区呈地方性流行。

1. 诊断要点

【流行病学】 病鸡排泄物尤其是粪便是最重要的传染源，带毒鸡和病鸡的精液、尿液、鼻气管黏液、黏膜黏液也可传播。本病可垂直传播和水平传播，一年四季均可发病，无明显季节性。健康鸡感染后生长抑制且终身带毒，并可间歇性排毒。

【临床表现】 本病主要侵害3～5周龄的肉鸡、肉杂鸡、麻鸡，种鸡和蛋鸡也可在相似的日龄段发病，死亡率在10%～40%甚至更高，一般在30%左右。大多数病例为突然发病，部分有神经症状，数分钟内死亡，个别鸡会出现腹泻，排黄绿色稀粪，鸡群发病后很快到达死亡高峰，维持1～2周后病死率逐渐下降。

【剖检病变】 病/死鸡剖检见心包积液十分明显，液体呈浅黄色、透明，内含胶冻样的渗出物；肝脏肿大、出血，色泽发黄，质地变脆，部分病鸡肝脏点状或者片状坏死；肺部普遍水肿、瘀血，挤压有泡沫；肾脏肿大、出血或花斑肾；盲肠扁桃体肿胀，肠道淋巴结肿胀突起；腺胃乳头出血及肌胃腺胃交界处有出血带。育雏期内发病的，法氏囊有萎缩，多数未见明显变化。产蛋期发病的，卵巢、输卵管均无异常。

剖检见心包积液

2. 治疗

经临床应用证实，当鸡群暴发心包积水综合征疫情时使用高免卵黄抗体进行紧急治疗有较好的效果，但可能存在因卵黄带菌引起其他方面的感染发病，且不能排除复发的可能。同时使用抗菌、抗病毒药物，在饲料中添加多种维生素和微量元素，在饮水中加入0.07%～0.1%碘液，用利尿药对症治疗，有一定的疗效。

3. 预防

疫苗免疫是防控疫病的有效方式。常规的活疫苗、灭活疫苗等对该病的防控虽然能起到一定效果，但存在毒力返强、容易继发其他细菌和病毒感染的风险。宜采取综合防控措施：①加强生物安全，防止疫病的传入；②加强消毒，切断同一鸡群中的粪-口水平传播途径；③加强种鸡监测净化，切断垂直传播途径；④发病严重鸡场可接种自家组织灭活苗。

九、鸡产蛋下降综合征

本病是由腺病毒引起的一种使鸡群产蛋率下降的传染病。

1. 诊断要点

【流行特点】 所有品系的产蛋鸡都能感染,特别是产褐壳蛋的种鸡最易感。任何年龄的鸡均可感染,但幼鸡感染后不表现任何临床症状,只有等鸡到开产前后,血清才转为阳性,尤其在产蛋高峰期30周龄前后的发病率最高。本病的主要传染源是病鸡和带毒母鸡。其病毒主要经蛋垂直传播,种公鸡的精液也可传播;其次是鸡与鸡之间缓慢水平传播;再次是家养或野生的鸭、鹅或其他水禽,通过粪便污染饮水而将病毒传播给母鸡。

【临床表现】 发病鸡群的临床症状一般较为缓和,病初有一短暂的病毒血症过程,可能出现一过性的绿色水样腹泻。随后产蛋率突然下降,每天下降2%~4%,持续2~3周,下降幅度最高可达30%~50%,以后逐渐恢复,但很难恢复到正常水平或达到产蛋高峰。若鸡群在产蛋前感染本病,开产期可推后5~8周或更长,产蛋率达不到高峰。蛋壳褪色(褐色变为白色),产异状蛋、软壳蛋、无壳蛋的数量明显增加。蛋的重量减轻,体积明显变小。种鸡群发生本病时,种蛋的孵出率降低,同时出现大量弱雏。开产前感染本病的死亡率非常低(3%左右),病程长,常延续50余天。

【剖检病变】 病鸡无明显特征性眼观病变。重症死亡者可发现卵泡充血、变形、脱落或发育不全,卵巢萎缩或出血。子宫和输卵管管壁明显增厚、水肿,其表面有大量白色渗出物或干酪样分泌物。有的病鸡泄殖腔脱垂。

【鉴别诊断】 请参考本书第二章第一节"产蛋率下降"的相关叙述。

2. 治疗

一旦鸡群发病,在隔离、淘汰病鸡的基础上,可进行疫苗的紧急接种,以缩短病程,促进鸡群早日康复。本病目前尚无有效的治疗方法,多采用对症疗法。在产蛋恢复期,在饲料中可添加一些增蛋灵之类的中药制剂,可以促进产蛋率的恢复。

> **提示**
>
> 一般注射疫苗后2周鸡群产蛋率开始明显回升,到4周鸡的产蛋率能基本恢复,但不能达到原有水平。

3. 预防

（1）预防接种 商品蛋鸡或种鸡16~18周龄时用鸡产蛋下降综合征灭活苗、鸡产蛋下降综合征-鸡新城疫二联灭活苗、新城疫-鸡产蛋下降综合征-传染性支气管炎三联灭活油剂疫苗或新城疫-传染性支气管炎-产蛋下降综合征-禽流感四联灭活油佐剂疫苗，肌内注射0.5毫升/只，一般经15天后产生抗体，免疫期为6个月以上；在35周龄时用同样的疫苗进行二免。

> **注意**
>
> 在发病严重的鸡场，分别于开产前4~6周和2~4周各接种1次；在35周龄时用同样的疫苗再免疫1次。

（2）严格卫生消毒措施 对产蛋下降综合征污染的鸡场（群），要严格执行兽医卫生措施。鸡场和鸭场之间要保持一定的距离，加强鸡场和孵化室的消毒工作，日粮配合时要注意营养平衡，注意各种用具、人员、饮水和粪便的消毒。

（3）加强饲养管理 提供全价日粮，特别要保证鸡群对必需氨基酸、维生素及微量元素的需要。

十、鸡马立克氏病

本病是由鸡马立克氏病病毒引起的一种鸡淋巴组织增生性疾病。目前马立克氏病呈世界性分布，加之又是一种免疫抑制性疾病，易造成免疫失败，给养鸡业造成巨大经济损失。

1. 诊断要点

【流行特点】 本病感染日龄越早，发病率越高，1日龄的雏鸡比10日龄以上的仔鸡易感性高出几百倍。肉鸡多在40~60日龄发病，蛋鸡发病多在60~120日龄，170日龄之后仅有个别鸡发病。可造成肉鸡的废弃率增高及蛋鸡的产蛋率下降等损失。其发病率一般在5%~30%之间，严重的可达60%，病鸡的死亡率可达100%。该病毒可通过呼吸道和消化道入侵，此外，进出育雏室的人员、昆虫（甲虫）、鼠类可成为传播媒介。

【临床表现和剖检病变】 本病的潜伏期一般为3周左右，鸡感染后4周龄以上才会表现症状，8~9周龄的鸡发病严重。因病变发生的主要部位不同，其临床表现和剖检病变也有较大差异，通常分为4种类型，临床上同一病鸡往往同时表现其中的几种类型。

① 内脏型：病鸡食欲减退、渐进性消瘦、鸡冠发白、精神不振、离群独处于角落，发病后几天内死亡。剖检见卵巢、肺、脾脏、肾脏、腺胃、肠壁、胰腺、睾丸、肌肉、心脏和肝脏等器官有针尖大小或米粒大小或黄豆大小，甚至如鸡蛋黄大小的肿瘤生长在实质脏器内或凸出于脏器表面。该型幼鸡多发，死亡率高。

② 神经型：病鸡极度消瘦、体重下降、鸡冠发白，根据病变部位的不同，可见脖子斜向一侧、翅膀或腿的不对称麻痹或完全瘫痪，典型症状是呈现出一腿向前伸，一腿向后伸的"劈叉"姿势。剖检见坐骨神经、臂神经和迷走神经肿大2~3倍，外观呈灰色或浅黄色，神经的纹路消失。有些病例用手摸可以感觉到有大小不等的结节，外观神经粗细不均。

③ 皮肤型：病鸡皮肤上（尤其在颈部、翅膀和大腿）有浅白色或浅黄色肿瘤结节，凸出于皮肤表面，有时破溃。

④ 眼型：病鸡一侧或两侧眼睛发病，表现为虹膜死亡、色素消失，呈同心环状、斑点状或弥漫性灰白色，俗称"灰眼"或"银眼"；瞳孔的边缘不整齐，呈锯齿状，而且逐渐缩小，最后仅有粟粒大，不能随外界光线强弱而调节大小，病眼视力丧失。剖检见病鸡一侧或两侧眼的虹膜有肿瘤生长。

【鉴别诊断】 ①病鸡躯体无毛部位的结节，与皮肤型鸡痘有相似的表现。②内脏肿瘤结节，与鸡白血病、网状内皮组织增殖病的表现相似。③病鸡表现出的免疫抑制，与传染性法氏囊病、网状内皮组织增殖病、鸡白血病、传染性贫血病等相似。应注意区别诊断。

2. 治疗

目前尚无有效的治疗方法。一旦发病，应隔离病鸡和同群鸡，对鸡舍及周围环境进行彻底消毒，对重症病鸡应立即扑杀，并连同病死鸡、粪便、羽毛及垫料等进行深埋或焚烧等无害化处理。

3. 预防

（1）**免疫接种** 目前使用的疫苗有3种，人工致弱的Ⅰ型（如CVI988）、自然不致瘤的Ⅱ型（如SB1、Z4）和Ⅲ型HVT（如FC126）。HVT疫苗使用最为广泛，但有很多因素可以影响疫苗的免疫效果。参考免

鸡马立克氏病疫苗头颈部皮下注射

疫程序：选用HVT疫苗或CVI988疫苗，小鸡在1日龄接种，1周龄时再接种1次；或以低代次种毒生产的CVI988疫苗，每羽份的病毒含量应大于2 000PFU，通常1次免疫即可，必要时还可加上HVT同时免疫。疫苗稀释后仍要放在冰瓶内，并在2小时内用完。

（2）防止雏鸡早期感染 在种蛋入孵前应对种蛋进行消毒；育雏室、孵化室、孵化箱和其他笼具应进行彻底消毒；雏鸡最好在严格隔离的条件下饲养；采用全进全出的饲养制度，防止不同日龄的鸡混养于同一鸡舍。

（3）加强饲养管理 防止应激因素，改善鸡群的环境条件，增强鸡体的抵抗力。

（4）加强监测和检疫 防止因引种或购入苗鸡或种蛋将病毒带入鸡场。对可能存在超强毒株的高发鸡群使用814+SB-1二价苗或814+SB-1+FC126三价苗进行免疫接种。

> 提示
> 鸡场一旦发生本病，应将病鸡快速淘汰，同时进行鸡舍的彻底清扫和消毒。

十一、鸡白血病

本病是由禽白血病病毒引起的一种慢性、传染性、肿瘤性疾病。本病流行面较广，其中以淋巴细胞性白血病的发病率最高。

1. 诊断要点

【流行特点】 在自然情况下，14周龄以下的鸡很少发病，14周龄以后的任何时间都可发病，多发生在18周龄以上的成鸡。公鸡发病率比母鸡低得多，芦花鸡比来航鸡多发，死亡率为5%~6%。发病率一般比较低，通常为5%。大多数鸡呈亚临床感染。死亡率低，一般情况下为1%~2%，很少超过10%。本病的传染源是病鸡和带毒鸡，其病毒主要是经蛋垂直传播，也可通过消化道进行传播。

【临床表现和病理病变】 本病的潜伏期为14~16周。其临床表现和剖检变化有如下类型。

① 淋巴性白血病型：病鸡表现为食欲不振，渐进性消瘦，下痢，鸡冠和肉髯苍白、皱缩、偶见发绀，后期腹部增大，有时可触摸到肿大的肝脏。隐性感染的母鸡，性成熟推迟、蛋小且壳薄，受精率和孵化率降低。肿瘤主要发生于脾脏、肝脏和法氏囊，也见于肾脏、肺、心脏和骨

髓。肿瘤有结节型、粟粒型、弥散型和混合型等。

② 成红细胞性白血病型：该病型较少见，有增生型和贫血型 2 种。病鸡表现为鸡冠轻度苍白或变成浅黄色，消瘦，腹泻，一个或多个羽毛囊可能发生大量出血。病程从数天到数月不等。增生型病变可见肝脏和脾脏显著肿大，肾轻度肿胀，上述器官呈樱红色到曙红色，质脆而柔软；骨髓增生呈水样，颜色为暗红色到樱桃红色。贫血型病变为内脏器官萎缩，骨髓苍白呈胶冻样。

③ 成髓细胞性白血病型：病鸡表现为嗜睡、贫血、消瘦、下痢和部分毛囊出血。剖检时可见肝脏呈粒状或斑纹状，有灰色斑点，骨髓增生呈苍白色。

④ 骨髓细胞瘤病型：病鸡头部、胸和肋骨会出现异常突起。剖检见骨髓表面靠近肋骨处有肿瘤发生，骨髓细胞瘤呈浅黄色、柔软、质脆或似干酪样，呈弥漫状或结节状，常散发、两侧对称发生。

⑤ 骨石化病型：多发于育成期的公鸡，呈散发性，特征是长骨（如跖骨）变粗，外观似穿长靴样，病变常两侧对称。病鸡一般发育不良，鸡冠苍白，行走拘谨或跛行。剖检见骨膜增厚，疏松骨质增生呈海绵状，易被折断，后期骨质呈石灰样，骨髓腔可被完全阻塞，骨质比正常坚硬。

【鉴别诊断】 请参考第四章第一节马立克氏病中对相关内容的叙述。

2. 治疗

目前尚没有疗效确切的药物治疗。发现病鸡要及时淘汰，同时对病鸡粪便和分泌物等污染的饲料、饮水和饲养用具等彻底消毒，防止直接或间接接触引起的水平传播。

3. 预防

（1）实行严格的检疫和消毒措施　由于禽白血病可通过鸡蛋垂直传播，因此种鸡、种蛋必须来自无禽白血病的鸡场。雏鸡和成鸡也要隔离饲养。孵化器、出雏器、育雏室及其他设备在每次使用前应彻底清洗、消毒，防止雏鸡接触感染。

（2）建立科学的饲养管理体系　采取全进全出的饲养方式和封闭式饲养制度。加强饲养管理，前期温度一定要稳定，降低温差；密度要适宜，保证每只鸡有适宜的采食、饮水空间；低应激，防止贼风，不断水、不断料等。使用优质饲料可促进鸡群良好的生长发育。

（3）建立无白血病的鸡群　本病没有疫苗可用，所以建立无白血病的鸡群是非常重要的。

> **注意**
>
> 平时进行相关疫苗的免疫接种时应把好疫苗关，鸡场所用的免疫疫苗应是使用 SPF 鸡胚来源的疫苗，防止非 SPF 鸡胚疫苗的带毒污染。

十二、网状内皮组织增殖病

本病是由网状内皮组织增殖病病毒群的反转录病毒引起的一群病理综合征。

1. 诊断要点

【流行特点】 本病的感染率因鸡的品种、日龄和病毒的毒株不同而不同。雏鸡特别是 1 日龄雏鸡对该病毒最易感，低日龄雏鸡感染后引起严重的免疫抑制或免疫耐受，较大日龄雏鸡感染后，不出现或仅出现一过性的病毒血症。病毒可通过口、眼分泌物及粪便排出病毒导致水平传播，也可通过蛋垂直传播。此外，商品疫苗的种毒如果受到该病病毒的意外污染，特别是马立克氏病和鸡痘疫苗，会人为造成全群感染。

【临床特点和剖检病变】 因病毒毒株不同主要的有以下 3 种病型。

① 急性网状内皮细胞肿瘤病型：潜伏期较短，一般为 3～5 天，死亡率高，常发生在感染后的 6～12 天，新生雏鸡感染后死亡率可高达 100%。剖检见肝脏、脾脏、胰腺、性腺、心脏等肿大，并伴有局灶性或弥漫性的浸润病变。

② 矮小病综合征病型：病鸡生长发育明显受阻，瘦小或矮小，羽毛发育不良。剖检见胸腺和法氏囊萎缩，并有腺胃炎、肠炎、贫血、外周神经肿大等症状。

③ 慢性肿瘤病型：病鸡形成多种慢性肿瘤（鸡法氏囊淋巴瘤、鸡非法氏囊淋巴瘤、火鸡淋巴瘤和其他淋巴瘤等）。

【鉴别诊断】 请参考第四章第一节马立克氏病中对相关内容的叙述。

2. 治疗

目前尚无有效的治疗方法。

3. 预防

目前尚无有效预防本病的疫苗。在预防上主要采取综合措施，防止引入带毒母鸡，加强原种鸡群中对该病抗体的检测，淘汰阳性鸡，同时对鸡舍进行严格消毒。平时进行相关疫苗的免疫接种时，应选择 SPF 鸡胚制作的疫苗，防止疫苗的带毒污染。

十三、鸡传染性贫血病

本病是由鸡传染性贫血病病毒引起的以再生障碍性贫血和淋巴组织萎缩为特征的一种免疫抑制性疾病。目前本病在日本等地广泛存在，应引起兽医临床工作者的重视。

1. 诊断要点

【流行特点】 本病主要发生于 2～4 周龄雏鸡，发病率 100%，死亡率 10%～50%，肉鸡比蛋鸡易感，公鸡比母鸡易感。本病的传染源是病鸡和带毒鸡。该病毒主要经蛋垂直传播，一般在出壳后 2～3 周发病，也可经呼吸道、免疫接种、伤口等水平传播。

【临床表现】 本病一般在感染 10 天后发病，病鸡表现为精神沉郁、衰弱、消瘦、行动迟缓、生长缓慢、体重减轻，鸡冠、肉髯等可视黏膜苍白、喙、脚黄白色、翅膀皮炎或呈现蓝翅，下痢。病程 1～4 周。

【剖检病变】 病鸡血稀如水，血凝时间延长，血细胞比容值可下降 20% 以下，重症者可降到 10% 以下。全身肌肉及各脏器均呈贫血状态，胸腺显著萎缩甚至完全退化，呈暗红褐色，骨髓褪色呈脂肪色、浅黄色或粉红色，偶有出血肿胀。肝脏、脾脏及肾脏肿大、褪色，有时肝脏黄染，有坏死灶。严重贫血鸡可见肌胃黏膜糜烂或溃疡。部分病鸡的肺实质病变，心肌、真皮及皮下出血。

【鉴别诊断】 ①能够引起贫血的疾病还有原髓细胞增多症、球虫病、住白细胞虫病、黄曲霉素中毒，磺胺类药物服用过量等。②能够引起胸腺萎缩的疾病还有马立克氏病和传染性法氏囊病，在临床上容易区别。

2. 治疗

目前尚无有效的治疗方法。本病一旦发生，应隔离病鸡和同群鸡，禁止病鸡向外流通和上市销售。对鸡舍及周围环境进行彻底消毒，可选用 0.3% 过氧乙酸、2% 火碱水溶液、漂白粉水溶液等对鸡、过道、水源等每天消毒 1 次，连续消毒 1 周。对重症病鸡应立即扑杀，并连同病死鸡、粪便、羽毛及垫料等进行深埋或焚烧等无害化处理。

3. 预防

（1）免疫接种 目前全球成功应用的疫苗为活疫苗，如德国罗曼动物保健有限公司的 Cux-1 株活疫苗，可以经饮水途径接种 8 周龄至开产前 6 周龄的种鸡，使子代获得较高水平的母源抗体，有效保护子代抵抗自然野毒的侵袭。要注意的是，不能在开产前 3~4 周龄时接种，以防止该病毒通过种蛋传播。

（2）加强饲养管理和卫生消毒措施 实行严格的环境卫生和消毒措施，采取全进全出的饲养方式和封闭式饲养制度。

> **提示**
> 鸡场应做好鸡马立克氏病、鸡传染性法氏囊病等免疫抑制性病的疫苗免疫接种工作，避免因霉菌毒素或其他传染病导致的免疫抑制。

十四、禽脑脊髓炎

本病是由禽脑脊髓炎病毒引起的一种鸡中枢神经损害性传染病。

1. 诊断要点

【流行特点】 各种日龄鸡均可感染该病，以 1~3 周龄的雏鸡最易感，通常自出壳后 1~7 日龄和 11~20 日龄出现 2 个发病和死亡的高峰期，前者为病毒垂直传播所致，后者为水平传播所致。本病一年四季均可发生，无季节性。在新疫区发病急，传播快，有较高的发病率和病死率。其病毒可经蛋垂直传播，也可经消化道水平传播。

【临床表现】 本病的潜伏期为 6~7 天，典型症状多见于雏鸡，病雏初期眼神呆滞，走路不稳，随后头颈部震颤，共济失调或完全瘫痪，后期衰竭卧地，被驱赶时摇摆不定或以翅膀扑地。死亡率一般为 10%~20%，最高可达 50%。1 月龄以上的鸡感染后很少表现临床症状，产蛋鸡感染后可见产蛋率急剧下降，蛋重减轻，一般经 15 天后产蛋率尚可恢复。种鸡感染后 2~3 周内所产种蛋带有病毒，孵化率会降低（下降幅度为 5%~20%），孵化出的苗鸡往往发育不良，此过程会持续 3~5 周。

【剖检病变】 病雏和死雏鸡可见腺胃的肌层及胰腺中有浸润的淋巴细胞团块所形成的数目不等的从针尖大到米粒大的灰白色斑点白色小病灶，脑组织变软，有不同程度瘀血，在大小脑表面有针尖大的出血点，有时仅见到脑水肿。在成年鸡中偶见脑水肿。

【鉴别诊断】 ①禽脑脊髓炎病鸡常表现共济失调、步态不稳等神经症状，有此相似症状的其他疾病有马立克氏病、新城疫、维生素 E（硒）缺乏症、维生素 B_1 缺乏症、维生素 B_2 缺乏症、大肠杆菌性脑病、食盐中毒等。②感染禽脑脊髓炎的蛋鸡发病时产蛋率下降，这一现象也见于新城疫、传染性喉气管炎、鸡白痢等，应注意区别诊断。

2. 治疗

本病目前尚无有效的治疗方法。对已发病的病雏和死雏鸡及时焚烧或深埋，以免散布病毒，减轻同群感染。如发病率高，可考虑全群扑杀并作无害化处理，彻底消毒鸡舍。舍内的垫料清理后在远离鸡棚的下风口处作集中发酵处理，舍内地面清扫冲刷干净后，连同周围场地用3%的火碱（氢氧化钠）溶液喷洒消毒，对鸡舍和饲养用具进行熏蒸消毒。

> **注意**
>
> 种鸡发生本病时，种蛋应停止用于孵化，否则易导致因垂直传播而引起雏鸡发病。应待产蛋率恢复正常后，种蛋再入孵。

3. 预防

（1）免疫接种 ①疫区的免疫程序：蛋鸡在75～80日龄时用弱毒苗饮水接种，开产前肌内注射灭活苗；或蛋鸡在90～100日龄用弱毒苗饮水接种。种鸡（包括种公鸡）在120～140日龄饮水接种弱毒苗或肌内注射禽脑脊髓炎病毒油乳剂灭活苗，要注意的是，接种后6周内，种蛋不能孵化。②非疫区的免疫程序：在非疫区，一律于90～100日龄时肌内注射禽脑脊髓炎病毒油乳剂灭活苗。禁用弱毒苗进行免疫。

（2）严格检疫 不引进本病污染场的苗鸡。种鸡在患病1个月内所产的蛋不能用于孵化。

十五、鸡病毒性关节炎

本病是由呼肠孤病毒引起的一种传染病，临床上以腿部关节肿胀、腱鞘发炎，继而使腓肠肌腱断裂，导致鸡运动障碍为特征。

1. 诊断要点

【流行特点】 2～16周龄的鸡多发，尤以5～7周龄的鸡易感。可发生于各种类型的鸡群，但肉仔鸡比其他鸡的发病概率高。鸡群的发病率可达100%，死亡率从0～6%不等。病程在1周左右到1个月之久。本病一年四季均可发生，主要经空气传播，也可通过污染的饲料经消化道传播，经蛋垂直传播的概率很低，约为1.7%。

【临床表现】 本病潜伏期一般为1～13天，常为隐性感染。病鸡多在感染后3～4周发病，初期步态稍见异常，逐渐发展为跛行，跗关节肿胀，常蹲伏，驱赶时才跳动。患肢不能伸张，不敢负重，当肌腱断裂时，趾屈曲，病程稍长时，患肢多向外扭转，步态蹒跚，这种症状多见于大雏或成鸡。种鸡及蛋鸡感染后，产蛋率下降10%～15%，种鸡受精率下降。

【剖检病变】 病（死）鸡剖检时可见关节囊及腱鞘水肿、充血或出血，跖伸肌腱和跖屈肌腱发生炎性水肿，造成病鸡小腿肿胀增粗，跗关节较少肿胀，关节腔内有少量渗出物，呈黄色透明，或带血或有脓性分泌物。慢性型可见腱鞘粘连、硬化，软骨上出现点状溃疡、糜烂、坏死，骨膜增生，骨干增厚。严重病例可见肌腱断裂或坏死。

【鉴别诊断】 病毒性关节炎的初期诊断比较困难，胫、跗关节肿胀，跛行等症状与传染性滑膜炎、关节型痛风、马立克氏病、大肠杆菌或葡萄球菌感染性关节炎等相似，应注意区别。

2. 治疗

目前尚无有效的治疗方法。一旦发病，应淘汰病鸡，加强病鸡的隔离和对鸡舍及周围环境的消毒。

3. 预防

（1）**免疫接种** 1～7日龄和4周龄各接种1次弱毒苗，开产前2～3周接种1次灭活苗。但应注意不要和马立克氏病疫苗同时免疫，以免产生干扰现象。

（2）**加强饲养管理** 做好环境的清洁、消毒工作，防止感染源传入。对肉鸡和种鸡采用全进全出的饲养方式是对控制本病非常有效的重要预防措施。不从感染本病的种鸡场进鸡。

第二节 细菌病

一、鸡大肠杆菌病

本病是由不同血清型的埃希氏大肠杆菌引起的一类人与动物共患传染病的总称。

1. 诊断要点

【流行特点】 各种日龄、品种的鸡均可发病，以4月龄以内的鸡易感性较高。鸡大肠杆菌病既可单独感染，也可能是继发感染。本病的发病率和死亡率因饲养管理水平、环境卫生状况和防治措施的不同而呈现较大的差异。本病一年四季均可发生，但在多雨、闷热和潮湿季节发生更多。该细菌可以经种蛋带菌垂直传播，也可经消化道、呼吸道和生殖道（自然交配或人工授精）及皮肤创伤等门户入侵，饲料、饮水、垫料、空气等是主要的传播媒介。

【临床表现和剖检病变】 ①雏鸡脐炎型：病雏的脐带发炎，愈合不良。②脑炎型：见于1～7日龄的雏鸡，病雏扭颈，出现神经症状，采食减少或不食。③浆膜炎型：常见于2～6周龄的雏鸡，病鸡精神沉郁，缩颈眼闭，嗜睡，羽毛松乱，两翅下垂，食欲不振或废绝，气喘、甩鼻、出现呼吸道症状，眼结膜和鼻腔带有浆液性或黏液性分泌物，部分病例腹部膨大下垂，行动迟缓，重症者呈"企鹅"状，腹部触诊有液体波动。死于浆膜炎型的病鸡，可见心包积液，纤维素性心包炎，气囊混浊，呈纤维素性气囊炎，肝脏肿大，表面也有纤维素膜覆盖，有的肝脏伴有坏死灶。④急性败血症型（大肠杆菌败血症）：是大肠杆菌病的典型表现，6～10周龄的鸡多发，呈散发性或地方流行性，病死率5%～20%，有时可达50%，特征性的病理剖检变化是可见明显的纤维蛋白性心包炎、肝周炎和气囊炎，肝脏肿大，有时肝脏表面可见灰白色针尖状坏死点，胆囊扩张，充满胆汁，脾脏、肾脏肿大。⑤关节炎和滑膜炎型：一般是由关节的创伤或大肠杆菌性败血时细菌经血液途径转移至关节所致，病鸡表现为行走困难、跛行或呈伏卧姿势，一个或多个腱鞘、关节发生肿大。剖检可见关节液混浊，关节腔内有干酪样或脓性渗出物蓄积，滑膜肿胀、增厚。⑥气囊炎型：气囊炎多发生于5～12周龄的幼鸡，6～9周龄为发病高峰。病鸡表现为轻重不一的呼吸道症状。剖检病变为气囊壁增厚混浊呈灰黄色，囊内有浅黄色干酪样渗出物或干酪样物。心包增厚不透明，心包腔内积有浅黄色液体。肝脏、脾脏肿大、肝包膜增厚、表面有纤维素性渗出物覆盖。死亡率为8%～10%。⑦大肠杆菌性肉芽肿型：是一种常见的病型，45～70日龄鸡多发。病鸡进行性消瘦，可视黏膜苍白，腹泻，特征性病理剖检变化是在病鸡的小肠、盲肠、肠系膜及肝脏、心脏等表面见到黄色脓肿或肉芽肿结节，肠粘连不易分离，脾脏无病变。外观与结核结节及马立克氏病的肿瘤结节相似。严重的死亡率可高达75%。⑧卵黄性腹膜炎和输卵管炎型：主要发生于产蛋母鸡，病鸡表现为产蛋停止，精神委顿，腹泻，粪便中混有蛋清及卵黄小块，有恶臭味。剖检时可见腹腔中充满黄色腥臭的液体和纤维素性渗出物，肠壁互相粘连，卵泡皱缩变成灰褐色或

鸡卵黄性腹膜炎

酱紫色。输卵管扩张，黏膜发炎，上有针尖状出血，扩张的输卵管内有核桃大至拳头大的黄白色干酪样团块，切面呈轮层状，人们常称其为"蛋子瘟"，可持续存在数月，并可随时间的延长而增大。⑨全眼球炎型：当鸡舍内空气中的大肠杆菌密度过高时，或在发生大肠杆菌性败血症的同时，部分鸡可引起眼球炎，表现为一侧眼睑肿胀，流泪，畏光，眼内有大量脓液或干酪样物质，角膜混浊，眼球萎缩，失明。偶尔可见两侧感染，内脏器官一般无异常病变。⑩肿头综合征：是指在鸡的头部皮下组织及眼眶周围发生急性或亚急性蜂窝状炎症。可以看到鸡眼眶周围皮肤红肿，严重的整个头部明显肿大，皮下有干酪样渗出物。

【鉴别诊断】 ①本病剖检出现的心包炎、肝周炎和气囊炎（俗称"三炎"或"包心包肝"）病变与鸡毒支原体、鸡痛风的剖检病变相似。②该病表现的腹泻与球虫病、轮状病毒、疏密螺旋体、某些中毒病等出现的腹泻相似。③本病出现的输卵管炎与鸡白痢、禽伤寒、禽副伤寒等呈现的输卵管炎相似。④本病表现的呼吸困难与鸡毒支原体、新城疫、鸡传染性支气管炎、禽流感、鸡传染性喉气管炎等表现的呼吸困难相似。⑤本病引起的关节肿胀、跛行与葡萄球菌或巴氏杆菌或沙门氏菌关节炎、病毒性关节炎、锰缺乏症等引起的病变类似。⑥本病引起的脐炎、卵黄囊炎与鸡沙门氏菌病、葡萄球菌病等引起的病变类似。⑦本病引起的眼炎与葡萄球菌性眼炎、衣原体眼炎、氨气灼伤、维生素 A 缺乏症等引起的眼炎类似，应注意区别。

2. 治疗

（1）抗菌药物治疗 在鸡群中流行本病时，首先应从改善饲养管理、搞好环境卫生着手，剔除病鸡，及时进行隔离治疗或淘汰，对于同群的健康鸡，使用以下抗菌药物治疗。

① 头孢噻呋（赛得福、速解灵、速可生）：注射用头孢噻呋钠或 5% 盐酸头孢噻呋混悬注射液，雏鸡按每只 0.08～0.2 毫克颈部皮下注射。

② 氟苯尼考（氟甲砜霉素）：氟苯尼考注射液按每千克体重 20～30 毫克一次肌内注射，每天 2 次，连用 3～5 天；或按每千克体重 10～20 毫克一次内服，每天 2 次，连用 3～5 天。10% 氟苯尼考散按每千克饲料 50～100 毫克混饲 3～5 天。以上均以氟苯尼考计。

③ 安普霉素（阿普拉霉素、阿布拉霉素）：40%硫酸安普霉素可溶性粉按每升饮水250～500毫克混饮5天。以上均以安普霉素计。产蛋期禁用，休药期7天。

④ 诺氟沙星（氟哌酸）：2%烟酸或乳酸诺氟沙星注射液按每千克体重10毫克一次肌内注射，每天2次。2%或10%诺氟沙星溶液按每千克体重10毫克一次内服，每天1～2次；或按每千克饲料50～100毫克混饲，或按每升饮水100毫克混饮。

⑤ 环丙沙星（环丙氟哌酸）：2%盐酸或乳酸环丙沙星注射液按每千克体重5毫克一次肌内注射，每天2次，连用3天；或按每千克体重5～7.5毫克一次内服，每天2次。2%盐酸或乳酸环丙沙星可溶性粉按每升饮水25～50毫克混饮，连用3～5天。

⑥ 恩诺沙星（乙基环丙沙星、百病消）：0.5%或2.5%恩诺沙星注射液按每千克体重2.5～5毫克一次肌内注射，每天1～2次，连用2～3天。恩诺沙星片按每千克体重5～7.5毫克一次内服，每天1～2次，连用3～5天。2.5%或5%恩诺沙星可溶性粉按每升饮水50～75毫克混饮，连用3～5天。休药期8天。

⑦ 甲磺酸达氟沙星（单诺沙星）：2%甲磺酸达氟沙星可溶性粉或溶液按每升饮水25～50毫克混饮3～5天。

此外，其他抗鸡大肠杆菌病的药物有氨苄西林（氨苄青霉素、安比西林）、链霉素、卡那霉素、庆大霉素、新霉素、土霉素（氧四环素）（用药剂量请参考鸡白痢治疗部分）、泰乐菌素（泰乐霉素、泰农）、阿米卡星（丁胺卡那霉素）、大观霉素（壮观霉素、奇观霉素）、盐酸大观-林可霉素（利高霉素）、多西环素（强力霉素、脱氧土霉素）、氧氟沙星（氟嗪酸）（用药剂量请参考鸡慢性呼吸道病治疗部分）、磺胺对甲氧嘧啶（消炎磺、磺胺-5-甲氧嘧啶、SMD）、磺胺氯达嗪钠、沙拉沙星（用药剂量请参考禽霍乱治疗部分）。

(2) 中草药治疗

① 黄檗100克、黄连100克、大黄50克，加水1 500毫升，微火煎至1 000毫升，取药液；药渣加水如上法再煎1次，合并2次煎成的药液以1∶10的比例稀释饮水，供1 000只鸡饮水，每天1剂，连用3天。

② 黄连、黄芩、栀子、当归、赤芍、丹皮、木通、知母、肉桂、甘草、地榆炭按一定比例混合后，粉碎成粗粉，成鸡每次1～2克，每天2

次，拌料饲喂，连喂3天；症状严重者，每天2次，每次2~3克，做成药丸填喂，连喂3天。

> **提示**
>
> ①在饮水给药前，应停水1小时，同时增加饮水器的数量。②大肠杆菌易产生耐药性，在临床治疗时，应根据所分离细菌的药敏试验结果选择高敏药物，并要定期更换用药或几种药物交替使用。③每次喂完抗菌药物之后，为了调整肠道微生物区系的平衡，可考虑饲喂微生态制剂2~3天。

3. 预防

（1）免疫接种 为确保免疫效果，须用与鸡场血清型一致的大肠杆菌制备的甲醛灭活苗、大肠杆菌灭活油乳苗、大肠杆菌多价氢氧化铝苗或多价油佐剂苗进行2次免疫，第1次接种时间为4周龄，第2次接种时间为18周龄，以后每隔6个月进行1次加强免疫注射。体重在3千克以下皮下注射0.5毫升，在3千克以上皮下注射1毫升。

> **提示**
>
> 鸡群灭活疫苗首免后15天才能产生免疫力，故在产生免疫力之前，可考虑每2~3天在饲料中投1次抗菌药物进行药物预防。

（2）建立科学的饲养管理体系 鸡大肠杆菌病在临床上虽然可以使用药物控制，但不能达到永久的效果，加强饲养管理，搞好鸡舍和环境的卫生消毒工作，避免各种应激因素显得至关重要。

① 种鸡场要及时收拣种蛋，避免种蛋被粪便污染。

② 搞好种蛋、孵化器及孵化全过程的清洁卫生及消毒工作。

③ 注意育雏期间的饲养管理，保持较稳定的温度、湿度（防止时高时低），做好饲养管理用具的清洁卫生。

④ 控制鸡群的饲养密度，防止过分拥挤。保持空气流通、新鲜，防止有害气体污染。定期消毒鸡舍、用具及养鸡环境。

⑤ 在饲料中增加蛋白质和维生素E的含量，可以提高鸡体抗病能力。应注意饮水污染，鸡群可以不定期的饮用"生态王"，维持肠道正常菌群的平衡，减少致病性大肠杆菌的侵入。

此外，定期给鸡群投放抗生素或益生素等生物制剂，对预防大肠杆菌病有很好的效果。

(3) 建立良好的生物安全体系　正确选择鸡场场址,场内规划应合理,尤其应注意鸡舍内的通风。消灭传染源,减少疫病发生。重视新城疫、传染性法氏囊病、传染性支气管炎等传染病的预防,重视免疫抑制性疾病的防控。

(4) 药物预防　一般在雏鸡出壳后开食时,在饮水中加入庆大霉素(剂量为0.04%~0.06%,连饮1~2天)或其他广谱抗生素;或在饲料中添加微生态制剂,连用7~10天,有一定的效果。

> **注意**
>
> 水源性传播是引发本病的重要因素,故应注意做好饮水的消毒,确保水的质量;对利用水塘(水库)、河流、井水等作为饮水的,可先用明矾进行沉淀,然后用漂白粉进行消毒;对于散养鸡应及时对水塔、饮水器具进行清洗和消毒,尽可能避免其接触放养区域内被污染的水源,平时及时平整运动场地,避免下雨后鸡群饮用积在低洼处的水。

二、鸡沙门氏菌病

(一) 鸡白痢

本病是由鸡白痢沙门氏菌引起的一种传染病。

1. 诊断要点

【流行特点】　经蛋严重感染的雏鸡往往在出壳后1~2天内死亡,部分外表健康的雏鸡7~10天时发病,7~15日龄为发病和死亡的高峰,16~20日龄时发病率逐日下降,20日龄后发病率迅速减少。其发病率因品种和性别而稍有差别,一般在5%~40%,但在新传入本病的鸡场,其发病率显著增高,有时甚至达100%,病死率也较老疫区的鸡群高。该细菌主要经蛋垂直传播,也可通过被粪便污染的饲料、饮水和孵化设备而水平传播,野鸟、啮齿类动物和蝇可作为传播媒介。

【临床表现和剖检病变】　①雏鸡:多数病雏排出白色糊状或带绿色的稀粪,沾染肛门周围的绒毛,粪便干后结成石灰样硬块,常常堵塞肛门,病雏因排粪困难而发出尖叫声。同时出现呼吸急促继而呼吸困难、离群呆立、缩颈闭目、两翅下垂、后躯下坠、喜欢靠近热源、扎堆等。出壳后不久即死亡的雏鸡和3~4日龄以内死亡的病鸡剖检病变不明显。

病程稍长者见卵黄吸收不良，呈污绿色或灰黄色奶油样或干酪样，肾脏因充满尿酸盐而扩张呈花斑状，肺和心肌表面、肝脏、脾脏、肌胃、小肠及盲肠表面有灰白色稍隆起的坏死结节或块状出血，嗉囊空虚，肝脏、脾脏肿大，胆囊扩张。②青年鸡：多发生于40～80日龄，青年鸡的发病受应激因素（如密度过大、气候突变、卫生条件差等）的影响较大。一般突然发生，鸡呈现零星突然死亡，从整体上看鸡群没有什么异常，但

患脑炎型沙门氏菌的病鸡，扭颈，肝脏有坏死灶

总有几只鸡精神沉郁、食欲差和腹泻。病程较长，可达15～30天，死亡率达5%～20%。有的病鸡可见扭颈等神经症状。剖检病鸡见肝脏肿大，有散在或密集的大小不等的白色坏死灶，偶见整个腹腔充满血水，心包膜增厚呈黄色不透明，心肌上有数量不等的坏死灶，肠道有卡他性炎症。③成年鸡：多为慢性或隐性感染。感染母鸡的产蛋率、受精率和孵化率下降，极少数病鸡表现精神委顿，排出稀粪，产卵停止。有的感染鸡因卵黄囊炎引起腹膜炎、腹膜增生而呈"垂腹"现象。成年母鸡的主要剖检病变为卵子变形、变色，有腹膜炎，伴以急性或慢性心包炎，成年公鸡睾丸极度萎缩，输精管管腔增大，充满稠密的均质渗出物。

【鉴别诊断】 请参考第四章第二节鸡大肠杆菌病的相关叙述。

2. 治疗

（1）隔离病鸡，加强消毒

（2）药物治疗

① 氨苄西林（氨苄青霉素、安比西林）：注射用氨苄西林钠按每千克体重10～20毫克一次肌肉或静脉注射，每天2～3次，连用2～3天。氨苄西林钠胶囊按每千克体重20～40毫克一次内服，每天2～3次。55%氨苄西林钠可溶性粉按每升饮水600毫克混饮。

② 链霉素：注射用硫酸链霉素每千克体重20～30毫克一次肌内注射，每天2～3次，连用2～3天。硫酸链霉素片按每千克体重50毫克内服，或按每升饮水30～120毫克混饮。

③ 卡那霉素：25%硫酸卡那霉素注射液按每千克体重10～30毫克一次肌内注射，每天2次，连用2～3天。或按每升水30～120毫克混饮

2~3天。

④ 庆大霉素：4%硫酸庆大霉素注射液按每千克体重5~7.5毫克一次肌内注射。每天2次，连用2~3天。硫酸庆大霉素片按每千克体重50毫克内服，或按每升饮水20~40毫克混饮3天。

⑤ 新霉素：硫酸新霉素片按每千克饲料70~140毫克混饲3~5天。3.25%或6.5%硫酸新霉素可溶性粉按每升水35~70毫克混饮3~5天。蛋鸡禁用，肉鸡休药期5天。

⑥ 土霉素（氧四环素）：注射用盐酸土霉素按每千克体重25毫克一次肌内注射。土霉素片按每千克体重25~50毫克一次内服，每天2~3次，连用3~5天；或按每千克饲料200~800毫克混饲。盐酸土霉素水溶性粉按每升饮水150~250毫克混饮。

⑦ 甲砜霉素：甲砜霉素片按每千克体重20~30毫克一次内服，每天2次，连用2~3天。5%甲砜霉素散，按每千克饲料50~100毫克混饲。以上均以甲砜霉素计。

此外，其他抗鸡白痢药物还有氟苯尼考（氟甲砜霉素）、安普霉素（阿普拉霉素、阿布拉霉素）、诺氟沙星（氟哌酸）、环丙沙星（环丙氟哌酸）、恩诺沙星（乙基环丙沙星、百病消）（用药剂量请参考鸡大肠杆菌病治疗部分）；多西环素（强力霉素、脱氧土霉素）、氧氟沙星（氟嗪酸）（用药剂量请参考鸡慢性呼吸道病治疗部分）；磺胺甲噁唑（磺胺甲基异噁唑、新诺明、新明磺、SMZ）（用药剂量请参考禽霍乱治疗部分）；阿莫西林（羟氨苄青霉素）（用药剂量请参考鸡葡萄球菌治疗部分）等。

提示

鸡沙门氏菌是人类沙门氏菌感染和食物中毒最主要的来源。食物中毒的潜伏期为7~24小时，或可延至数日。入侵的细菌毒素的毒力愈强，则潜伏期愈短，症状出现愈早。常突然发病，伴有头痛、寒战、恶心、呕吐、腹痛和严重腹泻。经治疗可在3~4天内康复。因此，对于带菌鸡的肉和蛋应加强卫生检验和无害化处理等措施，防止发生食物中毒。

3. 预防

（1）免疫接种 一种是雏鸡用的菌苗为9R，另一种是青年鸡和成年鸡用的菌苗为9S，这两种弱毒菌苗对本病都有一定的预防效果，但在国内使用不多。

> **提示**
>
> 由于副伤寒沙门氏菌血清型种类太多，要求多价疫苗的血清型与鸡场的流行菌株一致，这就给实际生产中疫苗的防治效果带来不确定的因素。因此，在严重发病的地区，应急的办法是采取当地常见的沙门氏菌制成灭活菌苗或高免血清，供预防之用。

（2）**药物预防**　在雏鸡首次开食和饮水时添加防治鸡白痢的药物（见治疗部分）。

（3）**利用微生态制剂预防本病**　用蜡样芽孢杆菌、乳酸杆菌或粪肠球菌等制剂混在饲料中喂鸡，这些细菌在肠道中生长后，有利于厌氧菌的生长，从而抑制了沙门氏菌等需氧菌的生长。目前市场上此类制剂有促菌生、止痢灵、康大宝等。

（4）**做好鸡场生物安全防范措施**　要注意切断传染源，防止鸡被沙门氏菌感染，因此，要求对鸡舍和用具要经常消毒，产蛋箱内应清洁无粪便，及时收蛋并送至种蛋室保存和消毒。孵化器（尤其是出雏器）内的死胚、破碎的蛋壳及绒毛等应仔细收集后消毒。重视雏鸡的饮水卫生，大小鸡不能混养。防止鼠、飞鸟进入鸡舍，禁止无关人员随便出入鸡舍。发现死鸡，尽快请当地有执业资格证的兽医专业人士诊断；死鸡不要随手乱扔，要做无害化处理，焚烧或丢入化粪池。

（5）**有计划地培育无白痢病的种鸡群是控制本病的关键**　对种鸡包括公鸡逐只进行鸡白痢血凝试验，一旦出现阳性立即淘汰或转为商品鸡用，以后种鸡每月进行1次鸡白痢血凝试验，连续3次，公鸡要求在12月龄后再进行1~2次检查，阳性者一律淘汰或转为商品鸡。购买苗鸡时，应尽可能地避免从有白痢病的种鸡场引进苗鸡。

> **提示**
>
> 接运雏鸡的用具及运输工具，应在使用前、后进行消毒，特别注意彻底搞好饲槽和饮水器的清洁和消毒，严防雏鸡早期感染沙门氏菌。

（二）鸡伤寒

本病是由鸡伤寒沙门氏菌引起的一种败血性传染病。

1. 诊断要点

【临床表现】 各种日龄的鸡都能感染，但主要侵害3周龄以上的鸡。在3周龄以下的雏鸡有时也有发生，但常被认为是白痢。但与白痢不同的是伤寒病雏，除一部分急性死亡外，其余还经常零星死亡，一直延续到成年期，而白痢病在15日龄之后即渐趋平息，不再出现明显的症状和死亡。病鸡主要表现体温升高，精神委顿，呆立一隅，羽毛蓬乱，食欲废绝，腹泻，排出黄绿色的稀粪，鸡冠呈暗红色，慢性者病程10天以上，表观极度消瘦。一般呈散发或地方流行性，致死率为10%~15%。

【剖检病变】 病鸡和死鸡剖检见肝脏、脾脏、肾脏肿大，亚急性和慢性病例肝脏呈绿色或古铜色，肝脏和心脏中有灰白色结节，有些病鸡伴有心包炎，卵黄性腹膜炎，卵泡出血、变性等。

2. 治疗和预防

请参考鸡白痢部分的相关叙述。

（三）鸡副伤寒

本病是由鸡伤寒沙门氏菌、肠炎沙门氏菌等引起的一种败血性传染病。

1. 诊断要点

【流行特点】 经蛋传播或早期孵化器感染时，在出雏后的几天发生急性感染，6~10天时达到死亡高峰，死亡率在20%~100%之间。通过病雏的排泄物引起其他雏鸡的感染，多于10~12日龄发病，死亡高峰在10~21日龄，1月龄以上的鸡一般呈慢性或隐性感染，很少发生死亡。该细菌主要经消化道传播，也可经蛋垂直传播。

【临床表现和剖检病变】 病雏鸡主要表现为精神沉郁、呆立，垂头闭眼，羽毛松乱，恶寒怕冷，食欲减退，饮水增加，水样腹泻。有些病雏鸡可见结膜炎和失明。成年鸡一般不表现症状。最急性感染的病死雏鸡可能看不到病理变化，病程稍长时可见消瘦、脱水、卵黄凝固，肝脏、脾脏充血、出血或有点状坏死，肾脏充血，心包炎等。肌肉感染处可见肌肉变性、坏死。有些病鸡关节上有多个大小不等的肿胀物。成年鸡急性感染表现为肝脏、脾脏肿大、出血，心包炎，腹膜炎，出血性或坏死性肠炎。

2. 治疗

药物治疗可以减少发病率和死亡率，但应注意治愈鸡仍可长期带菌。具体用药请参考本节鸡白痢的治疗部分。

3. 预防

请参考本节鸡白痢的预防部分。此外，要重视鸡副伤寒在人类公共卫生上的意义，并给以预防，以消除人类的食物中毒。

三、鸡霍乱

本病是由多杀性巴氏杆菌引起的一种接触性、传染性、烈性传染病。

1. 诊断要点

【流行特点】 各种日龄、品种的鸡均易感染，以产蛋期初期、性成熟期的鸡最易感。常因应激因素的作用（如断水、断料、饲料突然改变、天气骤变等）使鸡的抵抗力降低而发病。强毒力菌株感染后多呈急性败血性经过，病死率高，可达30%~40%，较弱毒力的菌株感染后发展较慢，死亡率也不高，常呈散发性。本病一年四季均可发生，但以夏、秋季节多发。该细菌主要经消化道和呼吸道入侵，也能经皮肤伤口和带菌的吸血昆虫叮刺皮肤传播。

【临床表现和剖检病变】 ①急性型：表现为体温升高，食欲减少，口、鼻分泌物增多而引起呼吸困难，摇头企图甩出喉头黏液，腹泻，排黄绿色稀粪。蛋鸡产蛋率减少，一般在发病后1~3天死亡。剖检见心冠脂肪上有刷状缘样出血或出血点，肝脏、脾脏肿大、变脆，表面有大量针尖大的圆形灰白色坏死点，肠道出血严重，肠内容物呈胶冻样，肠淋巴集结环状肿大、出血，有的腹部皮下脂肪出血。产蛋鸡卵泡出血、破裂。②慢性型：常见于发病后期，病鸡表现为消瘦，下痢，鼻炎，关节炎，肉髯肿大。病程较长，可拖延几周，蛋鸡产蛋率减少。

【鉴别诊断】 请参考本节鸡大肠杆菌病的相关叙述。

2. 治疗

（1）**特异疗法** 将牛或马等异种动物及禽制备的禽霍乱抗血清，用于本病的紧急治疗，有较好的效果。

（2）**紧急接种禽霍乱荚膜亚单位苗或禽霍乱蜂胶灭活疫苗** 每只鸡肌内注射2~3羽份。

（3）**抗菌药物治疗**

①磺胺甲噁唑（磺胺甲基异噁唑、新诺明、新明磺、SMZ）：40%

磺胺甲噁唑注射液按每千克体重20~30毫克一次肌肉注射，连用3天。0.1%~0.2%磺胺甲噁唑片混饲。

② 磺胺对甲氧嘧啶（消炎磺、磺胺-5-甲氧嘧啶、SMD）：磺胺对甲氧嘧啶片按每千克体重50~150毫克一次内服，每天1~2次，连用3~5天。按0.05%~0.1%混饲3~5天，或按0.025%~0.05%混饮3~5天。

③ 磺胺氯达嗪钠：30%磺胺氯达嗪钠可溶性粉，肉鸡按每升饮水300毫克混饮2~5天。产蛋期禁用，休药期1天。

④ 沙拉沙星：5%盐酸沙拉沙星注射液一日龄雏鸡按每只0.1毫升一次皮下注射。1%盐酸沙拉沙星可溶性粉按每升饮水20~40毫克混饮，连用5天。产蛋鸡禁用。

此外，其他抗鸡霍乱的药物还有链霉素、土霉素（氧四环素）（用药剂量请参考鸡白痢治疗部分）、金霉素（氯四环素）（用药剂量请参考鸡慢性呼吸道病治疗部分）、环丙沙星（环丙氟哌酸）、甲磺酸达氟沙星（单诺沙星）（用药剂量请参考鸡大肠杆菌病治疗部分）。

（4）中草药治疗

① 穿心莲、板蓝根各6份，蒲公英、旱莲草各5份，苍术3份，粉碎成细粉，过筛，混匀，加适量淀粉，压制成片，每片含生药为0.45克，鸡每次3~4片，每天3次，连用3天。

② 雄黄、白矾、甘草各30克，双花、连翘各15克，茵陈50克，粉碎成末拌入饲料投喂，每次0.5克，每天2次，连用5~7天。

③ 茵陈、半枝莲、大青叶各100克，白花蛇舌草200克，藿香、当归、车前子、赤芍、甘草各50克，生地150克，水煎取汁，为100只鸡3天用量，分3~6次饮服或拌入饲料，病重不食者灌少量药汁，适用于治疗急性禽霍乱。

④ 茵陈、大黄、茯苓、白术、泽泻、车前子各60克，白花蛇舌草、半枝莲各80克，生地、生姜、半夏、桂枝、白芥子各50克，水煎取汁供100只鸡1天用，饮服或拌入饲料，连用3天，用于治疗慢性禽霍乱。

提示

为巩固疗效和防止用药后病情的反弹，建议在用药后，鸡群死亡减少或停止时，不要马上停药，视病情再用2~3天预防剂量的药。

3. 预防

（1）**免疫接种**　弱毒菌苗有禽霍乱G190E40弱毒菌苗等，灭活菌苗有禽霍乱氢氧化铝菌苗、禽霍乱油乳剂灭活菌苗、禽霍乱乳胶灭活菌苗等。建议免疫程序为：肉鸡于20～30日龄免疫1次即可；蛋鸡或种鸡于20～30日龄进行首免，开产前半个月进行二免，开产后每半年免疫1次。

> **提示**
>
> 禽巴氏杆菌的抗原结构很复杂，商品化疫苗只能对同型菌株的攻击提供较为满意的免疫保护，而对异型菌株的攻击则没有或极少提供交叉免疫保护，这是禽霍乱菌苗免疫不能令人满意的重要原因之一。

（2）**被动免疫** 患病鸡群可用猪源抗禽霍乱高免血清，在鸡群发病前作短期预防接种，每只鸡皮下或肌内注射2～5毫升，免疫期为2周左右。

（3）**加强饲养管理** 平时应坚持自繁自养原则，由外地引进种鸡时，应从无本病的鸡场选购，并隔离观察1个月，无问题再与原有的鸡合群。采取全进全出的饲养方式，搞好清洁卫生和消毒工作。

> **提示**
>
> 防控禽霍乱，单靠疫苗或药物的观点是不全面的，明智的做法是采用综合性防控措施，即认真搞好卫生，防止病原的侵入；加强饲养管理，提高鸡的抗病能力；及时注射疫苗，建立鸡群的免疫保护；及时进行药敏试验，合理使用药物，防止并发症等。

四、鸡葡萄球菌病

本病是由金黄色葡萄球菌引起的一种人禽共患传染病。

1. 诊断要点

【流行特点】 白羽产白壳蛋的轻型鸡种易发，而褐羽产褐壳蛋的中型鸡种很少发生。4～12周龄多发，地面平养和网上平养较笼养鸡发生多。其发病率与饲养管理水平、环境卫生状况以及饲养密度等因素有直接的关系，死亡率一般在2%～50%不等。本病一年四季均可发生，以多雨、潮湿的夏秋季节多发。该细菌主要经皮肤创伤、羽毛囊、消化道、呼吸道、雏鸡的脐带入侵。鸡群拥挤互相啄斗，鸡笼破旧致使铁丝刺伤皮肤，患皮肤型鸡痘或其他因素造成皮肤的破损等都是本病的诱因。

【临床表现和剖检病变】 ①脑脊髓炎型：多见于10日龄内的雏鸡，表现为扭颈、头后仰、两翅下垂、腿轻度麻痹等神经症状，有的病鸡以喙着地支持身体平衡，一般发病后3～5天死亡。②急性败血型：以30

日龄左右的雏鸡多见，肉鸡较蛋鸡发病率高。病鸡表现为体温升高，精神沉郁，食欲下降，羽毛蓬乱，缩颈闭目，呆立一隅，腹泻；同时在翼下、下腹部等处有局部炎症，呈散发流行，病死率较高。剖检有时可见到肝脏、脾脏有小化脓灶。③水肿皮炎型：以30～70日龄的鸡多发，病鸡的翅膀、胸部、臀部和下腹部的皮下有浆液性的渗出液，呈现紫黑色的水肿，用手触摸有明显的波动感，轻抹羽毛即掉下，有时皮肤破溃，流出紫红色有臭味的液体。本病的发展过程较缓慢，但出现上述症状后2～3天内死亡，尸体极易腐败。这种类型的平均死亡率为5%～10%，严重时高达100%。④脚垫肿和关节炎型：多发生于成年鸡和肉种鸡的育成阶段，感染发病的关节主要是胫、跗关节、趾关节和翅关节。发病时关节肿胀，呈紫红色，破溃后形成黑色的痂皮。病鸡精神较差，食欲减退，跛行，不愿走动，严重者不能站立。剖检见受害关节及邻近的腱鞘肿胀、变形，关节周围结缔组织增生，关节腔内有浆液性或干酪样渗出物。⑤肺炎型：多见于中雏，表现为呼吸困难。剖检特征为肺瘀血、水肿和肺实质变化等。⑥卵巢囊肿型：剖检可见卵巢表面密布着粟粒大或黄豆大的橘黄色囊泡，囊腔内充满红黄色积液。输卵管肿胀、湿润，黏膜面有弥漫性的针尖大的出血，泄殖腔黏膜有弥漫性出血。少数病鸡的输卵管内滞留未完全封闭的连柄畸形卵，卵表面沾满暗紫色的瘀血。⑦眼型：病鸡表现为头部肿大，眼睑肿胀，闭眼，有脓性分泌物，病程长者眼球下陷，失明。

【鉴别诊断】 本病与硒缺乏症有相似之处，应注意区别诊断。硒缺乏症，即小鸡的渗出性素质。二者在腹部皮下都渗出下积液方面有相似之处。但在硒缺乏症时皮肤无任何外伤，且其渗出液呈蓝绿色，属非炎性水肿的漏出液，局部的羽毛不易脱落。

2. 治疗

（1）**隔离病鸡，加强消毒** 一旦发病，应及时隔离病鸡，对可疑被污染的鸡舍、鸡笼和环境，可进行带鸡消毒。常用的消毒药有2%～3%苯酚、0.3%过氧乙酸等。

（2）**抗菌药物治疗** 投药前最好进行药物敏感试验，选择最有效的敏感药物进行全群投药。

① 青霉素：注射用青霉素钠或钾按每千克体重5万国际单位一次肌内注射，每天2～3次，连用2～3天。

② 维吉尼亚霉素：50%维吉尼亚霉素预混剂按每千克饲料5～20毫

克混饲（以维吉尼亚霉素计）。产蛋期及超过16周龄的母鸡禁用，休药期1天。

③ 阿莫西林（羟氨苄青霉素）：阿莫西林片按每千克体重10~15毫克一次内服，每天2次。

④ 头孢氨苄（先锋霉素Ⅳ）：头孢氨苄片或胶囊按每千克体重35~50毫克一次内服，雏鸡2~3小时1次，成年鸡可6小时1次。

⑤ 林可霉素（洁霉素、林肯霉素）：30%盐酸林可霉素注射液按每千克体重30毫克一次肌内注射，每天1次，连用3天。盐酸林可霉素片按每千克体重20~30毫克一次内服，每天2次。11%盐酸林可霉素预混剂按每千克饲料22~44毫克混饲1~3周。40%盐酸林可霉素可溶性粉按每升饮水200~300毫克混饮3~5天。以上均以林可霉素计，产蛋期禁用。

此外，其他抗鸡葡萄球菌病的药物还有庆大霉素（正泰霉素）、新霉素、土霉素（氧四环素）（用药剂量请参考鸡白痢治疗部分）、头孢噻呋（赛得福、速解灵、速可生）、氟苯尼考（氟甲砜霉素）（用药剂量请参考鸡大肠杆菌病治疗部分）、磺胺甲噁唑（磺胺甲基异噁唑、新诺明、新明磺、SMZ）（用药剂量请参考鸡霍乱治疗部分）、泰妙菌素、替米考星（用药剂量请参考鸡慢性呼吸道病治疗部分）。

（3）外科治疗 对于脚垫肿、关节炎的病例，可用外科手术，排出脓汁，用碘酊消毒创口，配合抗生素治疗即可。

（4）中草药治疗

① 黄芩、黄连叶、焦大黄、黄檗、板蓝根、茜草、大蓟、车前子、神曲、甘草各等份加水煎汤，取汁拌料，按每只鸡每天2克生药计算，每天1剂，连用3天。

② 鱼腥草、麦芽各90克，连翘、白及、地榆、茜草各45克，大黄、当归各40克，黄檗50克，知母30克，菊花80克，粉碎混匀，按每只鸡每天3.5克拌料，4天为1个疗程。

3. 预防

（1）免疫接种 可用葡萄球菌多价氢氧化铝灭活菌苗与油佐剂灭活菌给20~30日龄的鸡皮下注射1毫升。

> **提示**
>
> 接种疫苗时，要做好注射用具的消毒灭菌工作，鸡体注射部位也要做好消毒。

（2）防止发生外伤　在鸡饲养过程中，要定期检查笼具、网具是否光滑平整，有无外露的铁丝尖头或其他尖锐物，网眼是否过大。平养的地面应平整，垫料宜松软，防硬物刺伤脚垫。防止鸡群互斗和啄伤等。

（3）做好皮肤外伤的消毒处理　在断喙、带翅号（或脚号）、剪趾及免疫刺种时，要做好消毒工作。

（4）加强饲养管理　注意舍内通风换气，防止密集饲养，饲喂必需的营养物质，特别要供给足够的维生素。做好孵化过程和鸡舍卫生及消毒工作。

五、鸡传染性鼻炎

本病是由鸡嗜血杆菌引起的一种急性上呼吸道疾病。

1. 诊断要点

【流行特点】　各种日龄的鸡均可感染，以4～12周龄的鸡发病率较高。本病的传染源主要是康复后的带菌鸡、隐性鸡和慢性病鸡。该菌主要通过饮水散布，也可直接接触和经污染的饲料、笼具、空气传播。

【临床表现】　鸡感染后1～3天内出现症状，并在鸡群内传播迅速。病鸡初期表现为流浆液性或黏膜性鼻液，眼分泌物增多。随后出现呼吸困难，一侧或两侧颜面部高度肿胀、隆起，部分鸡肉髯肿胀。发病率可达70%～100%，死亡率低，在急性发病的鸡群中死亡率为5%～20%。蛋鸡感染后，产蛋率明显下降，可下降10%～40%。

【剖检病变】　病（死）鸡剖检可见鼻腔和鼻旁窦黏膜充血、肿胀，鼻腔、眶下窦内有大量卡他性、黏液性渗出物蓄积。有些病鸡窦内蓄积干酪样渗出物凝块。蓄积多时，颜面部显著肿胀。眼结膜充血、肿胀，结膜囊内填充有黏性、脓性渗出物或黄色干酪样物质。结膜炎进一步发展，可导致角膜炎，最终导致眼睛失明。肉髯充血、水肿，颜色紫红。炎症发展到下呼吸道时，可见气管、支气管内有黏性、脓性渗出物，渗出物多时可堵塞呼吸道。

【鉴别诊断】　请参考本节鸡大肠杆菌病相关部分的叙述。

2. 治疗

（1）加强隔离和消毒　封闭鸡舍，隔离病鸡；将死鸡掩埋或焚烧；清理的粪便应堆肥发酵处理后运出。

（2）药物治疗

磺胺二甲嘧啶（磺胺二甲基嘧啶、SM）：0.2%磺胺二甲嘧啶片混饲

3天，或按0.1%~0.2%混饮3天。

土霉素：20~80克拌入100千克饲料，让鸡自由采食，连喂5~7天。

磺胺类药物是治疗本病的首选药物，一般用复方新诺明或磺胺增效剂与其他磺胺类药物合用，或用2~3种磺胺类药物组成的联磺制剂。但投药时要注意时间不宜过长，一般不超过5天。且考虑鸡群的采食情况，当食欲变化不明显时，可选用口服易吸收的磺胺类药物，采食明显减少时，口服给药治疗效果差可考虑注射给药。

其他抗鸡传染性鼻炎的药物还有氟苯尼考（氟甲砜霉素）、环丙沙星（环丙氟哌酸）、恩诺沙星（乙基环丙沙星、百病消）（用药剂量请参考鸡大肠杆菌病治疗部分）、链霉素、庆大霉素、土霉素（氧四环素）（用药剂量请参考鸡白痢治疗部分）、磺胺甲噁唑（磺胺甲基异噁唑、新诺明、新明磺、SMZ）、磺胺对甲氧嘧啶（消炎磺、磺胺-5-甲氧嘧啶、SMD）、磺胺氯达嗪钠（用药剂量请参考禽霍乱治疗部分）、红霉素、金霉素（氯四环素）、氧氟沙星（氟嗪酸）（用药剂量请参考鸡慢性呼吸道病治疗部分）。

（3）中草药治疗　白芷、防风、益母草、乌梅、猪苓、诃子、泽泻各100克，辛夷、桔梗、黄芩、半夏、生姜、葶苈子、甘草各80克，粉碎过筛，混匀，为100只鸡3天的药量，即平均每只鸡每天4.2克，拌料喂食，连用5天。

3. 预防

（1）免疫接种　最好注射2次，首次不宜早于5周龄，在6~7周龄较为适宜，如果太早，鸡的应答较弱。健康鸡群用A型油乳剂灭活苗或A-C型二价油乳剂灭活苗进行首免，每只鸡注射0.3毫升，于110~120日龄进行二免，每只注射0.5毫升。

（2）加强饲养管理　改善鸡舍通风条件，降低环境中氨气含量，执行全进全出的饲养方式，防止密度过大，减少器械和人员流动的传播，供给营养丰富的饲料，供给清洁饮水，定期进行严格的带鸡消毒（应用0.2%~0.3%过氧乙酸）、空舍后进行彻底消毒以及鸡舍外环境消毒工作等，对预防本病的发生都有十分重要的意义。

（3）杜绝引入病鸡或带菌鸡　治疗后的康复鸡不能留做种用。

六、鸡坏死性肠炎

本病是由A型或C型魏氏梭菌引起的一种传染病。

1. 诊断要点

【流行特点】 以 2~6 周龄的鸡多发，发病率为 13%~40%，死亡率为 5%~30%。突然更换饲料或饲料品质差，饲喂变质的鱼粉、骨粉等，鸡舍的环境卫生差，长时间在饲料中添加土霉素等抗生素，这些因素都可促使本病的发生。有报道说患过球虫病和蛔虫病的鸡常易暴发本病。该细菌主要通过消化道传播。

【临床表现】 鸡群突然发病，精神不振，羽毛蓬乱，食欲下降或不食，不愿走动，粪便稀软，呈暗黑色，有时混有血液。有的病例会突然死亡，病程为 1~2 天。

【剖检病变】 病（死）鸡剖检时可见嗉囊中仅有少量的食物，有较多的液体，打开腹腔时即闻到一种特殊的腐臭味。小肠表面呈污黑绿色，肠道扩张，充满气体，肠壁增厚，肠内容物呈液态，有泡沫，有时为絮状。黏膜有时有出血点，肠管脆，易碎，严重时黏膜呈弥漫性土黄色，干燥无光，为呈严重的纤维素性坏死，并形成伪膜。

【鉴别诊断】 要注意与溃疡性肠炎相区别。溃疡性肠炎的病原是肠道梭菌，其主要病变表现在肝脏、脾脏和肠道。肝脏一般肿大，表面有大小不等的黄色或灰白色的坏死灶，脾脏肿大，有瘀血，打开腹腔后一般闻不到腐臭味。而坏死性肠炎的主要病变表现在小肠，肝脏和脾脏几乎没有病变。

2. 治疗

饮水效果较好的药物有林可霉素、青霉素（用药剂量请参考鸡葡萄球菌病治疗部分）、土霉素（用药剂量请参考鸡白痢病治疗部分）、氟苯尼考（氟甲砜霉素）（用药剂量请参考鸡大肠杆菌病治疗部分）、泰乐菌素（泰乐霉素、泰农）（用药剂量请参考鸡慢性呼吸道病治疗部分）。

> **提示**
>
> 在治疗的同时应给病鸡适当补充口服补液盐或电解质平衡剂。药物治疗后应在饲料添加微生态制剂，连喂 10 天。

3. 预防

平时不喂发霉变质的饲料，饲料中减少鱼粉的供给，添加益生素，搞好球虫病的预防等都是预防鸡坏死性肠炎的重要措施。

七、鸡支原体病

（一）鸡毒支原体病

本病又称鸡慢性呼吸道病（慢呼）或败血支原体病，是由鸡毒支原体引起的一种接触性、慢性呼吸道传染病。

1. 诊断要点

【流行特点】 各种日龄的鸡均能感染，以 30～60 日龄鸡最易感。由于饲养管理条件不良，或有其他慢性病混合感染而暴发，其严重程度及死亡率与有无并发症、环境的改善及是否接种疫苗等因素有关。有的地区发病率可高达 90% 以上，病死率达 10%～30%。本病的传染源是病鸡或带菌鸡，在冬末春初多发，可通过直接接触传播或经蛋垂直传播。一般情况下，本病传播较慢，病程长达 1～6 个月或更长，但在新发病的鸡群中传播较快。

【临床表现】 潜伏期 4～21 天。雏鸡感染后主要表现出呼吸道的症状，病初流鼻液、咳嗽、喷嚏、呼吸时有啰音，到后期呼吸困难时常张口呼吸，病鸡眼部和脸部肿胀，早期眼角可流出泡沫样眼泪，后期眼内积有干酪样渗出物，严重时眼球萎缩可造成失明。产蛋鸡感染时呼吸道症状不明显，主要表现为产蛋率下降，种蛋的孵化率明显降低、弱雏率上升。

病鸡打喷嚏

病鸡眼内有泡沫样眼泪

【剖检病变】 病（死）鸡剖检见鼻腔、眶下窦、气管、支气管和气囊内含有稍混浊的黏稠渗出物，其黏膜面外观呈念珠状。严重者炎症可波及气囊，使气囊混浊，含有黄色泡沫样黏液或干酪样物质；纤维蛋白性或纤维蛋白性-化脓性肝被膜炎和心包炎、输卵管炎。

【鉴别诊断】 请参考本节鸡大肠杆菌病相关部分的叙述。

2. 治疗

（1）**淘汰病鸡** 种鸡或蛋鸡早期发现本病，可考虑将其全部淘汰。

（2）**对已感染鸡毒支原体种蛋的处理**

① 抗生素处理法：在处理前，先从大环内酯类、四环素类、氟喹诺

酮类中，挑选对本种蛋中鸡毒支原体敏感的药物。分为抗生素注射法，即将敏感药物配比成适当的浓度，于气室上用消毒后的12号针头打一小孔，再往卵内注射敏感药物，进行卵内接种。温差给药法，即将孵化前的种蛋升温到37℃，然后立即放入5℃左右的敏感药液中，等待15～20分钟，取出种蛋。压力差给药法，即把常温种蛋放入一个能密闭的容器中，然后往该容器中注入对鸡毒支原体敏感的药液，直至浸没种蛋，密闭容器，抽出部分空气，而后在徐徐放入空气，使药液进入卵内。

② 物理处理法：加压升温法，即对一个可加压的孵化器进行升压并加温，使内部温度达到46.1℃，保持12～14小时，而后转入正常温度孵化，对消灭卵内鸡毒支原体有比较满意的效果，但孵化率下降8%～12%。常压升温法，即恒温45℃的温箱处理种蛋14小时，然后转入正常孵化，能收到比较满意的消灭卵内鸡毒支原体的效果。

(3) 抗生素药物治疗

① 泰乐菌素（泰乐霉素、泰农）：5%或10%泰乐菌素注射液或注射用酒石酸泰乐菌素按每千克体重5～13毫克一次肌肉或皮下注射，每天2次，连用5天。8.8%磷酸泰乐菌素预混剂按每千克饲料300～600毫克混饲。酒石酸泰乐菌素可溶性粉按每升饮水500毫克混饮3～5天。蛋鸡禁用，休药期1天。

② 泰妙菌素（硫姆林、泰妙灵、枝原净）：45%延胡索酸泰妙菌素可溶性粉按每升饮水125～250毫克混饮3～5天，以上均以泰妙菌素计）。休药期2天。

③ 红霉素：注射用乳糖酸红霉素或10%硫氰酸红霉素注射液，育成鸡按每千克体重10～40毫克一次肌内注射，每天2次。5%硫氰酸红霉素可溶性粉按每升饮水125毫克混饮3～5天。产蛋鸡禁用。

④ 吉他霉素（北里霉素、柱晶白霉素）：吉他霉素片，按每千克体重20～50毫克一次内服，每天2次，连用3～5天。50%酒石酸吉他霉素可溶性粉，按每升饮水250～500毫克混饮3～5天。产蛋鸡禁用，休药期7天。

⑤ 阿米卡星（丁胺卡那霉素）：注射用硫酸阿米卡星或10%硫酸阿米卡星注射液按每千克体重15毫克一次皮下、肌内注射。每天2～3次，连用2～3天。

⑥ 替米考星：替米考星可溶性粉按每升饮水100～200毫克混饮5天。休药期14天。

⑦ 大观霉素（壮观霉素、奇观霉素）：注射用盐酸大观霉素按每只雏鸡 2.5~5 毫克肌内注射，成年鸡按每千克体重 30 毫克，每天 1 次，连用 3 天。50% 盐酸大观霉素可溶性粉按每升饮水 500~1 000 毫克混饮 3~5 天。产蛋期禁用，休药期 5 天。

⑧ 盐酸大观霉素-林可霉素（利高霉素）：按每千克体重 50~150 毫克一次内服，每天 1 次，连用 3~7 天。盐酸大观霉素-林可霉素可溶性粉按每升水 0.5~0.8 克混饮 3~7 天。

⑨ 金霉素（氯四环素）：盐酸金霉素片或胶囊，内服剂量同土霉素。10% 的金霉素预混剂按每千克饲料 200~600 毫克混饲，不超过 5 天。盐酸金霉素粉剂按每升饮水 150~250 毫克混饮，以上均以金霉素计。休药期 7 天。

⑩ 多西环素（强力霉素、脱氧土霉素）：盐酸多西环素片按每千克体重 15~25 毫克一次内服，每天 1 次，连用 3~5 天。按每千克饲料 100~200 毫克混饲。盐酸多西环素可溶性粉按每升饮水 50~100 毫克混饮。

⑪ 二氟沙星（帝氟沙星）：二氟沙星片按每千克体重 5~10 毫克一次内服，每天 2 次。2.5% 或 5% 二氟沙星水溶性粉按每升饮水 25~50 毫克混饮 5 天。产蛋鸡禁用，休药期 1 天。

⑫ 氧氟沙星（氟嗪酸）：1% 氧氟沙星注射液按每千克体重 3~5 毫克一次肌内注射，每天 2 次，连用 3~5 天。氧氟沙星片按每千克体重 10 毫克一次内服，每天 2 次。4% 氧氟沙星水溶性粉或溶液按每升饮水 50~100 毫克混饮。

此外，其他抗鸡慢性呼吸道病的药物还有卡那霉素、庆大霉素、土霉素（氧四环素）（用药剂量请参考鸡白痢治疗部分）、氟苯尼考（氟甲砜霉素）、安普霉素（阿普拉霉素、阿布拉霉素）、诺氟沙星（氟哌酸）、环丙沙星（环丙氟哌酸）、恩诺沙星（乙基环丙沙星、百病消）（用药剂量请参考鸡大肠杆菌病治疗部分）、磺胺甲噁唑（磺胺甲基异噁唑、新诺明、新明磺、SMZ）、磺胺对甲氧嘧啶（消炎磺、磺胺-5-甲氧嘧啶、SMD）（用药剂量请参考禽霍乱治疗部分）。

> **提示**
>
> 泰乐菌素、枝原净不能与莫能菌素、盐霉素、甲基盐霉素、海南霉素等聚醚类药物合用。

(4) 中草药治疗 ①石决明、草决明、苍术、桔梗各 50 克，大黄、黄芩、陈皮、苦参、甘草各 40 克，栀子、郁金各 35 克，鱼腥草 100 克，苏叶 60 克，紫菀 80 克，黄药子、白药子各 45 克，三仙、鱼腥草各 30 克，将诸药粉碎，过筛备用。用全日饲料量的 1/3 与药粉充分拌匀，并均匀撒在食槽内，待吃尽后，再添加未加药粉的饲料。剂量按每只鸡每天 2.5～3.5 克，连用 3 天。②麻黄、杏仁、石膏、桔梗、黄芩、连翘、金银花、金荞麦根、牛蒡子、穿心莲、甘草等份，共研细末，混匀。治疗按每只鸡每次 0.5～1 克，拌料饲喂，连续 5 天。

3. 预防

(1) 免疫接种 ①灭活疫苗（如德国"特力威 104 鸡败血支原体灭能疫苗"）的接种，在 6～8 周龄注射 1 次，最好 16 周龄再注射 1 次，都是每只鸡注射 0.5 毫升。②弱毒活苗（如 F 株疫苗、MG 6/85 冻干苗、MG ts-11 等）通过给 1、3 和 20 日龄雏鸡点眼免疫，免疫期 7 个月。灭活疫苗一般是对 1～2 月龄母鸡注射 1 次，在开产前（15～16 周龄）再注射 1 次。

(2) 提高疫苗质量 避免鸡的病毒性活疫苗中有支原体的污染，这是预防感染支原体病的重要方面。

(3) 药物预防 在雏鸡出壳后 3 天饮服抗支原体药物，清除体内支原体。抗支原体药物可用枝原净，多西环素 + 氧氟沙星混饮等。

(4) 隔离观察引进种鸡 防止引进的种鸡将病带入健康鸡群，尽可能做到自繁自养。从健康鸡场引进种蛋自行孵化；新引进的种鸡必须隔离观察 2 个月，在此期间进行血清学检查，并在半年中复检 2 次。如果发现阳性鸡，应坚决予以淘汰。

(5) 对鸡群进行定期检疫 一般在 2、4、6 月龄时各进行 1 次血清学检验，淘汰阳性鸡，或鸡群中发现 1 只阳性鸡即全群淘汰，留下无病鸡群全部隔离饲养作为种用，并对其后代继续进行观察，以确定其是否真正健康。

(6) 加强饲养管理 鸡毒支原体既然在很大程度上是"条件性发病"，所以其预防措施主要就是改善饲养条件，减少诱发因素。饲养密度一定不可太大，鸡舍内要通风良好，空气清新，温度适宜，使鸡群感到舒适。最好每天带鸡喷雾消毒 1 次，使细小雾滴在整个鸡舍内弥漫片刻，达到浮尘下落，空气净化的效果。饲料中的多维素要充足有余。

(二) 鸡滑液囊支原体病

是由滑液囊支原体引起的，以关节肿大、滑液囊炎和腱鞘炎为特征，进而引起运动障碍的疾病。

1. 诊断要点

【流行特点】 多发于 4~16 周龄的鸡，以 9~12 周龄的青年鸡最易感。在一次流行之后，很少再次流行。经蛋传递感染的雏鸡可能在 6 日龄发病，在雏鸡群中会造成很高的感染率。

【临床表现和剖检病变】 潜伏期为 11~21 天。病鸡表现为关节及趾跖部肿大且有热感和波动感，跛行，久病不能走动，病鸡消瘦，排浅绿色粪便且含有大量的尿酸。剖检见关节滑液囊内有黏液性或呈灰白色的乳酪样渗出物，有时关节软骨出现糜烂，严重病例在颅骨和颈部背侧有干酪样渗出物。肝脏、脾脏肿大，肾脏苍白呈花斑状。偶见气囊炎的病变。

2. 治疗和预防

请参考第四章第二节中鸡毒支原体病相关部分的叙述。

八、鸡曲霉菌病

本病又称霉菌性肺炎，是由曲霉菌（烟曲霉、黑曲霉、黄曲霉和土曲霉等）引起的一种真菌病。

1. 诊断要点

【流行特点】 雏鸡在 4~14 日龄的易感性最高，常呈急性暴发，出壳后的幼雏在进入被烟曲霉菌污染的育雏室后，48 小时即开始发病死亡，病死率可达 50% 左右，至 30 日龄时基本上停止死亡。在我国南方 5~6 月的梅雨季节或阴暗潮湿的鸡舍最易发生。该病菌主要经呼吸道和消化道传播，若种蛋表面被污染、孢子可侵入蛋内，感染胚胎。

【临床表现】 雏鸡感染后呈急性经过，初期表现为头颈前伸，张口呼吸，打喷嚏，鼻孔中流出浆性液体，羽毛蓬乱，食欲减退；病的后期发生腹泻，有的雏鸡出现歪头、麻痹、跛行等神经症状。病程长短取决于霉菌感染的数量和中毒的程度。成年鸡多为散发，感染后多呈慢性经过，病死率较低。部分病例由于霉菌侵入眼部，引起眼炎，严重者在眼皮下蓄积豆渣样物质。

【剖检病变】 在病（死）鸡肺表面及肺组织中可发现粟粒大至黄豆大的黑色、紫色或灰白色质地坚硬的结节，切面坏死；气囊混浊，有灰白色或黄色圆形病灶或结节或干酪样团块物质；有时在气管、胸腔、腹腔、肝脏和肾脏等处也可见到类似的结节，偶尔见到霉斑。如伴有曲霉菌毒素中毒时，还可见到肝脏肿大，呈弥漫性充血、出血，胆囊扩张，皮下和肌肉出血。

【鉴别诊断】 请参考第四章第二节鸡大肠杆菌病相关部分的叙述。

2. 治疗

首先要找出感染霉菌的来源，并及时消除，在此基础上可选用下列药物治疗。

① 制霉菌素：病鸡按每只5 000国际单位内服，每天2~4次，连用2~3天；或按每千克饲料中加制霉菌素50万~100万国际单位，连用7~10天，同时在每升饮水中加硫酸铜0.5克，效果更好。

② 克霉唑（三苯甲咪唑、抗真菌Ⅰ号）：雏鸡按每100只1克拌料饲喂。

③ 两性菌素B：使用时用喷雾方式给药，用量是25毫克/米^3，吸入30~40分钟。

> **提示**
> ①由于制霉菌素难溶于水，但可以在酸牛奶中长久保持悬浮状态，所以在治疗时，可将制霉菌素混入少量的酸牛奶中，然后再拌料。
> ②当霉菌在病鸡的呼吸道长出大量菌丝、在肺部及气囊长出大量结节时，治疗不可能取得满意的疗效，应及早淘汰。

3. 预防

（1）加强饲养管理 保持鸡舍环境卫生清洁、干燥，加强通风换气，及时清洗和消毒水槽，清出料槽中剩余的饲料。尤其在阴雨连绵的季节，更应防止霉菌生长繁殖，污染环境而导致该病的传播。种蛋库和孵化室经常消毒，保持卫生清洁、干燥。

（2）严格消毒被曲霉菌污染的鸡舍 对污染的育雏室要彻底清除霉变的垫料，然后用福尔马林熏蒸消毒，经过通风、更换清洁干燥垫料后方可进鸡。污染种蛋严禁入孵。

（3）防止饲料和垫料发生霉变 在饲料的加工、配制、运输、存储过程中，应消除发生霉变的可能因素，在饲料中添加一些防霉添加剂（如露保细，安亦妥，胱氢醋酸钠、霉敌等），以防真菌生长。购买新鲜垫料，并经常翻晒，妥善保存。

第三节 寄生虫病

一、鸡球虫病

本病是由艾美耳属球虫（柔嫩艾美耳球虫、毒害艾美耳球虫等）引起的疾病的总称。

1. 诊断要点

【流行特点】 不同品种、年龄的鸡均有易感性，以 15～50 日龄的鸡易感性最高，发病率高达 100%，死亡率在 80% 以上。成年鸡几乎不发病，但多为带虫者。耐过的鸡，可持续从粪便中排出球虫卵囊达 7.5 个月。本病多发生于每年的春季和秋季，特别是梅雨季节。饲料中缺乏维生素 A 和 K 或日粮配合不当导致鸡生长发育不良时，容易诱发本病。苍蝇、甲虫、蟑螂、鼠类和野鸟都可成为该寄生虫的机械性传播媒介，凡被病鸡、带虫鸡的粪便或其他动物污染过的饲料、饮水、土壤或用具等，都可能有球虫卵囊存在，易感鸡摄入大量球虫卵囊，经消化道传播。

【临床表现】 ①急性型：多见于 1～2 个月龄的鸡，染病初期精神不振，羽毛耸立，头蜷缩，呆立于鸡舍的角落，食欲减退，排水样稀粪。随着病情的发展，病鸡精神沉郁、翅下垂，食欲废绝，饮水明显增多，嗉囊内充满大量液体，鸡冠、肉髯苍白，粪便呈红色或黑褐色，泄殖腔周围羽毛被粪便污染，往往带有血液。末期病鸡痉挛或昏迷而死。②慢性型：多见于 2～4 个月龄的青年鸡或成鸡，症状与急性类似，逐渐消瘦，间歇性腹泻，产蛋率减少。病程数周或数月，死亡率较低。

【剖检病变】 病（死）鸡剖检见受侵害的肠段外观显著肿大，肠壁变厚，上皮脱落、肠黏膜上密布粟粒大的出血点或灰白色的坏死灶，肠腔内充满大量新鲜血液和血凝块或混有血液的黄色干酪样物。柔嫩艾美耳球虫主要侵害盲肠，毒害艾耳球虫和巨型艾美耳球虫主要损害小肠中段，堆型艾美耳球虫和哈氏艾美耳球虫主要损害十二指肠和小肠前段。

病鸡小肠球虫病剖检

【鉴别诊断】 ①本病的排血便（西红柿样粪便）和肠道出血症状与维生素 K 缺乏症、出血性肠炎、鸡坏死性肠炎等相似。②本病出现的鸡冠、肉髯苍白症状与鸡传染性贫血、磺胺类药物中毒、住白细胞虫病、蛋鸡脂肪肝综合征、维生素 B_{12} 缺乏症等相似。应注意区别。

2. 治疗

① 用2.5%妥曲珠利（百球清、甲基三嗪酮）溶液混饮（25毫克/升）2天。也可用0.2%或0.5%地克珠利（球佳杀、球灵、球必清）预混剂混饲（1克/千克饲料），连用3天。注意：0.5%地克珠利溶液，使用时现用现配，否则影响疗效。

② 用30%磺胺氯吡嗪钠（三字球虫粉）可溶粉混饲（0.6克/千克饲料）3天，或混饮（0.3克/升）3天，休药期5天。也可用10%磺胺喹沙啉（磺胺喹噁啉钠）可溶性粉，治疗时常采用0.1%的高剂量，连用3天，停药2天后再用3天，预防时混饲（125毫克/千克饲料）0.1%。磺胺二甲基嘧啶混饮2天，或按0.05%混饮4天，休药期10天。

③ 用20%盐酸氨丙啉（安保宁、盐酸安普罗胺）可溶性粉混饲（125~250毫克/千克饲料）3~5天，或按混饮（60~240毫克/升）5~7天。也可用鸡宝-20（每千克含氨丙嘧吡啶200克，盐酸呋吗吡啶200克），治疗量混饮（600毫克/升）5~7天。预防量减半，连用1~2周。

④ 用20%尼卡巴嗪（力更生）预混剂肉禽混饲（125毫克/千克饲料），连用3~5天。

⑤ 用1%马杜霉素铵预混剂混饲（肉鸡5毫克/千克饲料），连用3~5天。

⑥ 用25%氯羟吡啶（克球粉、可爱丹、氯吡醇）预混剂，混饲（12毫克/千克饲料），连用3~5天。

⑦ 用5%盐霉素钠（优素精、沙里诺霉素）预混剂，混饲（60毫克/千克饲料），连用3~5天。也可用10%甲基盐霉素（那拉菌素）预混剂（禽安），混饲（60~80毫克/千克饲料），连用3~5天。

⑧ 用15%或45%拉沙洛西钠（拉沙菌素、拉沙洛西）预混剂（球安），混饲（75~125毫克/千克饲料），连用3~5天。

⑨ 用5%赛杜霉素钠（禽旺）预混剂，混饲（肉禽用0.5克/千克饲料），连用3~5天。

⑩ 用0.6%氢溴酸常山酮（速丹）预混剂，混饲（3毫克/千克饲料），连用5天。

此外，可用25%二硝托胺球痢灵、二硝苯甲酰胺预混剂，治疗时按250毫克/千克饲料混饲。预防时按125毫克/千克饲料混饲；盐酸氯苯胍（罗本尼丁）片按10~15毫克/千克体重内服，10%盐酸氯苯胍预混剂按0.3~0.6克/千克混饲；乙氧酰胺苯甲酯按4~8毫克/千克饲料混饲。

> **注意**
>
> ①球虫对药物容易产生耐药性,故选用抗球虫药物时应轮换或穿梭用药,避免长期使用单一药物防治球虫病。②由于上述药物在治疗球虫病的同时,容易破坏肠内的微生物区系的平衡而影响鸡的消化和吸收,故在喂药之后可饲喂1~2天微生态制剂(益生素)。③使用球虫药会影响机体维生素的吸收,故在治疗过程中应在饲料或饮水中补充适量的维生素或电解多维。④使用(甲基)盐霉素等聚醚类抗球虫药物时应注意与治疗支原体病药物(如泰乐菌素、枝原净)等药物的配伍反应。

3. 预防

(1)免疫接种 疫苗分为强毒卵囊苗和弱毒卵囊苗两类,疫苗均为多价苗,包含柔嫩、堆型、巨型、毒害、布氏、早熟等主要虫种。疫苗大多采用喷料或饮水,球虫苗(1~2羽份)的喷料接种可于1日龄时进行,饮水接种须推迟到5~10日龄进行。鸡群在地面垫料上饲养的,接种1次卵囊;笼养与网架饲养的,首免之后间隔7~15天要进行二免。

(2)药物预防

① 蛋鸡的药物预防:可从10~12日龄开始,至70日龄前后结束,在此期间持续用药不停;也可选用两种药品,间隔3~4周轮换使用(即穿梭用药)。

② 肉鸡的药物预防:可从1~10日龄开始,至屠宰前休药期为止,在此期间持续用药不停。

③ 蛋鸡与肉鸡若是笼养,或在金属网床上饲养,可不用药物预防。

(3)平时的饲养管理 鸡群要全进全出,鸡舍要彻底清扫、消毒,保持环境清洁、干燥和通风,在饲料中保持有足够的维生素A和维生素K等。

> **提示**
>
> 应将雏鸡和成年鸡分开饲养,避免耐过鸡排出的病原传给雏鸡。

二、鸡组织滴虫病

本病又称盲肠肝炎或黑头病，是由火鸡组织滴虫寄生于鸡盲肠引起的一种急性寄生虫病。

1. 诊断要点

【流行特点】 2周龄到4月龄的鸡均可感染，但2～6周龄的鸡易感性最强，成年鸡也可以发生，但呈隐性感染，并成为带虫者。鸡群的管理条件不良、鸡舍潮湿、过度拥挤、通风不良、光线不足、饲料质量差、营养不全、饲料中营养缺乏特别是维生素A的缺乏等，都可促使本病的流行。本病多发生于夏季。该寄生虫主要通过消化道传播，此外蚯蚓、蚱蜢、蝇类、蟋蟀等由于吞食了土壤中的异刺线虫的虫卵和幼虫，而使它们成为机械的带虫者，当幼鸡吞食了这些昆虫后，单孢虫即逸出，并使幼鸡发生感染。

【临床表现】 病鸡表现为不爱活动、嗜睡、食欲减少或废绝、衰弱、贫血、消瘦、身体蜷缩、腹泻，粪便呈浅黄色或浅绿色，严重者带有血液，随着病程的发展，病鸡头部皮肤、冠及肉髯严重发绀，呈紫黑色，故有"黑头病"之称。病程1～3周，病死率在60%左右。

【剖检病变】 病（死）鸡剖检见肝脏肿大，表面形成圆形或不规则、中央凹陷、黄色或黄褐色的溃疡灶，溃疡灶数量不等，有时融合成大片的溃疡区。盲肠高度肿大，肠壁肥厚、紧实像香肠一样，肠内容物干燥坚实、呈干酪样的凝固栓子，横切栓子，切面呈同心层状，中心有黑色的凝固血块，外周为灰白色或浅黄色的渗出物和坏死物。急性病鸡见盲肠一侧或两侧肿胀，呈出血性炎症，肠腔内含有血液。严重病鸡的盲肠黏膜发炎出血，形成溃疡，会发生盲肠壁穿孔，引起腹膜炎而死。

2. 治疗

（1）**甲硝唑**（甲硝哒唑、灭滴灵） 使鸡按每升水500毫克混饮7天，停药3天，再用7天。蛋鸡禁用。

（2）**地美硝唑**（二甲唑、二甲硝咪唑、达美素） 用20%地美硝唑预混剂，治疗时按每千克饲料500毫克混饲，预防时按每千克饲料100～200毫克混饲。产蛋鸡禁用，休药期3天。

（3）**丙硫苯咪唑** 按每千克体重40毫克，一次内服。

（4）**2-氨基-5-硝基噻唑** 在饲料中添加0.05%～0.1%，连续饲喂14天。

> **提示**
>
> 应在治疗的同时配合维生素K_3粉,以减少盲肠出血,并用抗生素广谱抗菌药物(如诺氟沙星等)控制并发或继发感染。

3. 预防

(1) **驱除异刺线虫** 鸡每千克体重用25毫克(1片)左旋咪唑,一次内服。也可使用针剂,用量、效果与片剂相同。另外,应对成年鸡进行定期驱虫。

(2) **严格做好鸡群的卫生和管理工作** 及时清除粪便,定期更换垫料,防止带虫体的粪便污染饮水或饲料。此外,鸡与火鸡一定要分开进行饲养管理。

三、鸡住白细胞虫病

本病又称鸡白冠病,是由住白细胞虫属的沙氏住白细胞原虫和卡氏住白细胞原虫寄生于鸡的白细胞和红细胞内所引起的一种血液原虫病。

1. 诊断要点

【流行特点】 不同品种、性别、年龄的鸡均能感染,日龄较小的鸡和轻型蛋鸡易感性最强,死亡率可高达50%~80%;成年鸡感染多呈亚急性或慢性经过,死亡率一般为2%~10%。本病在一个地区一旦发生,在较长的时间内难以根除。本病的发生有明显的季节性,传播和流行与库蠓和蚋的活动密切相关,一般在气温20℃以上时,库蠓繁殖快,活动力强,本病的流行也严重。广州地区多在4~10月发生,严重发病见于4~6月,发育的高峰季节在5月。河南郑州、开封地区多发生于6~8月。福建地区在5~7月及9月下旬至10月多发。

【临床表现】 3~6周龄的鸡感染多呈急性型,病鸡表现为体温在42℃以上,冠苍白,翅下垂,食欲减退,渴欲增强,呼吸急促,粪便稀薄、呈黄绿色,双腿无力行走、轻瘫,翅、腿、背部大面积出血,部分鸡临死前口鼻流血,常见水槽和料槽边沿有病鸡咳出的红色鲜血,病程1~3天。青年鸡感染多呈亚急性型,鸡冠苍白,贫血,消瘦;少数鸡的鸡冠变黑、萎缩,精神不振,羽毛松乱,行走困难,粪便稀薄且呈黄绿色,病程1周以上,最后衰竭而亡。成年鸡感染多呈隐性型,无明显的贫血,产蛋率下降不明显,病程1个月左右。

【剖检病变】 病(死)鸡剖检时见血液稀薄、骨髓变黄等贫血和全身性出血；在皮下、肌肉特别是胸肌和腿肌常有出血点或出血斑，内脏器官有广泛性出血，以肾脏、肺、肝脏出血最为常见，胸腔、腹腔积血；嗉囊、腺胃、肌胃、肠道出血，其内容物呈血样；脑实质有点状出血。本病的另一个特征是在胸肌、腿肌、心肌、肝脏、脾脏、肾脏、肺等多种组织器官有白色小结节，结节针头至粟粒大小，类圆形，有的向表面凸起，有的在组织中，结节与周围组织分界明显，其外围有出血环。

2. 治疗

（1）磺胺间甲氧嘧啶（制菌磺、磺胺-6-甲氧嘧啶、泰灭净、SMM） 用磺胺间甲氧嘧啶片按每千克体重首次量以50～100毫克一次内服，维持量25～50毫克，每天2次，连用3～5天。按0.05%～0.2%混饲3～5天，或按0.025%～0.05%混饮3～5天。休药期7天。

（2）磺胺嘧啶（SD） 用10%或20%磺胺嘧啶钠注射液按每千克体重10毫克一次肌内注射，每天2次。磺胺嘧啶片按每只育成鸡0.2～0.3克一次内服，每天2次，连用3～5天。按0.2%混饲3天，或按0.1%～0.2%混饮3天。蛋鸡禁用。

（3）盐酸二奎宁 每支1毫升注射4只鸡，每天1次，连注6天，疗效较好。

（4）克球粉 用25%氯羟吡啶预混剂，按每千克饲料250毫克混饲。

提示

①为防止药物耐药性的产生，可交替使用上述药物。②病愈鸡体内可以长期带虫，当有库蠓、蚋出现时，就可能在鸡群中传播本病。

3. 预防

（1）消灭中间宿主，切断传播途径 防止库蠓或蚋进入鸡舍侵袭鸡，可采取以下措施。

① 在鸡舍周围至少200米以内，不要堆积畜禽粪便与堆肥，并清除杂草，填平水洼。如无此条件，在本病流行季节可每隔6～7天应用马拉硫磷或敌敌畏乳剂等农药喷洒1次，杀灭幼虫与成虫。

② 在鸡舍内于每天黎明与黄昏点燃蚊香，阻止蠓、蚋进入。

③ 在鸡舍用窗纱作窗帘与门帘，黎明与黄昏放下，阻止蠓、蚋进入，其余时间掀起，以利通风降温。由于蠓、蚋比蚊虫小，须用细纱。

（2）药物预防 一般是根据当地本病的流行特点，在流行前期于饲料中添加药物进行预防和控制。预防药物主要有乙胺嘧啶，剂量为5毫克/千克；克球粉，剂量为125毫克/千克；呋喃唑酮（痢特灵），剂量为100毫克/千克。

（3）避免将病鸡或耐过鸡留作种用 耐过的病鸡体内仍有虫体存在，在流行地区选留鸡群时应全部淘汰曾患过本病的鸡。同时应避免引入病鸡。

四、鸡蛔虫病

本病是由鸡蛔虫引起的一种线虫病，是鸡吞食了感染性虫卵或啄食了携带感染性虫卵的蚯蚓而引起。

1. 诊断要点

【临床表现和剖检病变】 4周龄内的鸡感染后一般不出现明显症状，5～12周龄的鸡感染后发病率较高，且病情较重，尤其是平养鸡群和散养鸡。病鸡表现发育不良，精神委顿，不爱活动，羽毛松乱，鸡冠苍白，食欲减退，渐渐消瘦最终死亡。超过12周龄的鸡抵抗力较强，1年以上的鸡不发病，但可带虫。病（死）鸡剖检时在小肠内可见到蛔虫。

蛔虫蠕动

【鉴别诊断】 鸡蛔虫和鸡异刺线虫两者的幼虫和虫卵很相似，应注意区别。

2. 治疗

（1）哌嗪（驱蛔灵） 按每千克体重250毫克，空腔时拌于少量饲料中一次性投喂，或配成1%水溶液任其饮服。药物必须在8～12小时内用完，而且应该在用药前将鸡禁食（饮）一夜。

（2）驱虫净 按每千克体重40～60毫克，空腹时逐个鸡灌服，或按每千克重60毫克，混于少量饲料中投喂。也可用左旋咪唑（左旋噻咪唑、左咪唑）内服（25毫克/千克体重），或拌于少量饲料中内服，或用5%的注射液肌内注射（0.5毫克/千克体重）。也可一次口服阿苯达唑（丙硫咪唑）（25毫克/千克体重），或阿苯达唑（10～20毫克/千克体重），或奥苯达唑（丙氧咪唑）（40毫克/千克体重）。以上药物一次口服往往不易彻底驱除，间隔2周后再重复1次。

（3）潮霉素 B（效高素） 用1.76%潮霉素 B 预混剂按每千克饲料

8～12克混饲。休药期3天。

（4）越霉素A（得利肥素） 用20%越霉素A预混剂按每千克饲料5～10毫克混饲。产蛋鸡禁用，休药期3天。

（5）伊维菌素（害获灭、杀虫丁、伊福丁、伊力佳）**或阿维菌素**（阿福丁、虫克星、阿力佳） 用1%伊维菌素注射液按每千克体重0.2～0.3毫克一次皮下注射或内服。

3. 预防

（1）加强饲养管理 改善环境卫生，每天清除鸡舍内外的积粪，粪便应堆积发酵。雏鸡与成年鸡应分群饲养，不共用运动场。

（2）预防性驱虫 对有蛔虫病流行的鸡场，每年应进行2～3次定期驱虫。雏鸡在2月龄左右进行第1次驱虫，第2次在冬季进行；成年鸡的驱虫第1次在10～11月，第2次在春季产蛋季节前1个月进行。

五、鸡绦虫病

本病是由赖利绦虫、戴文绦虫等寄生于鸡的肠道引起的一类寄生虫病。

1. 诊断要点

【流行特点】 各种年龄的鸡都能感染，以17～40日龄的鸡最易感，在饲养管理条件低劣的鸡场有利于本病的流行。若采用笼养或能隔绝蚂蚁、甲虫的舍养鸡群，则发病率较低。

【临床表现】 由于绦虫的品种不同，感染鸡的症状也有差异。病鸡共同表现有可视黏膜苍白或黄染，精神沉郁，羽毛蓬乱，缩颈垂翅，采食减少，饮水增多，肠炎，腹泻，有时带血。有的绦虫产物能使鸡中毒，引起腿脚麻痹，进行性瘫痪及头颈扭曲等症状，一些病鸡因瘦弱、衰竭而死亡。感染病鸡一般在14：00～17：00排出绦虫节片。一般在感染初期（感染后50天左右）节片排出量最多，以后逐渐减少。

【剖检病变】 在病（死）鸡的小肠内可发现大型绦虫的虫体，严重时可阻塞肠道。绦虫节片似面条，乳白色，不透明，扁平，虫体可分为头节、颈与链体3部分。小型绦虫则要用放大镜仔细寻找，也可将剪开的肠管平铺于玻璃皿中，滴少许清水，看有无虫体浮起。

2. 治疗

（1）丙硫苯咪唑 按每千克体重15～25毫克，一次内服。

（2）氯硝柳胺（灭绦灵） 按每千克体重50～100毫克，一次内服。

(3) 硫氯酚（别丁） 按每千克体重100~200毫克，一次内服。小鸡用量酌减。

(4) 氢溴酸槟榔碱 按每千克体重3毫克一次内服；或配成0.1%的水溶液饮服。

(5) 吡喹酮 按每千克体重10~20毫克一次内服，对绦虫成虫及未成熟虫体有效。

3. 预防

请参考第四章第三节中鸡蛔虫病预防部分的叙述。

六、禽隐孢子虫病

本病是由贝氏隐孢子虫或火鸡隐孢子虫等寄生于鸡呼吸道、消化道上皮微绒毛和法氏囊、泄殖腔引起的一种原虫病。

1. 诊断要点

【流行特点】 贝氏隐孢子虫在我国的流行最为广泛，尤其在肉用仔鸡群中更为严重，主要危害11周龄以内的鸡，无明显的季节性，但以温暖多雨季节发病率最高。此外，在饲养密度大、禽舍通风不良、饲养管理不善或环境卫生较差的禽场，隐孢子虫的感染率明显增加。

【临床表现】 感染贝氏隐孢子虫的病鸡开始出现呼吸困难、咳嗽和打喷嚏等呼吸道症状。严重发病见于感染后第14~21天，可见呼吸极度困难，伸颈、张口，呼吸次数增加，饮、食欲减少或废绝，精神沉郁，眼半闭，翅下垂，喜卧一隅，多在严重发病后2~3天内死亡。胃肠道感染的患鸡，死亡率升高、嗜睡，体重减轻，下痢是最常见的症状。火鸡隐孢子虫致病性不强，但可引起雏鸡的下痢和呼吸道症状，严重感染可引起鸡的死亡。

【病理剖检】 感染贝氏隐孢子虫的病（死）鸡见喉头、气管水肿，有较多的泡沫状渗出物，有时气管内可见灰白色凝固物，呈干酪样。肺脏腹侧充血严重，表面湿润，常带有灰白色硬斑，切面渗出液较多。气囊混浊，外观呈云雾状。用喉头、气管、法氏囊和泄殖腔黏膜制成涂片，染色，在显微镜下可见到大量淡红色的隐孢子虫体。感染火鸡隐孢子虫的病死鸡可见小肠苍白、肿胀，带有云雾状的黏性液体和气泡。

2. 治疗

目前尚无治疗隐孢子虫病的有效药物。只是用0.05%二甲硝咪唑饮水对本病有一定的缓解效果。

3. 预防

目前尚无针对病原的预防方案，只能从加强卫生措施和提高免疫力来控制本病的发生。

第四节　营养代谢病

一、维生素缺乏症

（一）维生素 A 缺乏症

本病是由饲料中维生素 A 缺乏或含量过低或消化吸收障碍所引起的一种营养代谢病。

1. 诊断要点

病雏鸡表现为精神委顿，食欲不振，羽毛蓬乱无光泽，脚垫皮肤损伤，步态不稳。眼角膜肥厚或形成溃疡，流泪，眼睑肿胀，严重时眼内蓄积乳白色干酪样分泌物，上下眼睑粘连。成年鸡由于肝脏储备的维生素 A 比雏鸡多，缺乏时可动用肝脏储备来满足机体代谢需要，可维持较长时间而不出现症状。严重时成年鸡产蛋率下降，血斑蛋增加，种蛋孵化率降低。病（死）鸡剖检见口腔和食道黏膜过度角化，有时从食道上端直至嗉囊入口散在有粟粒大白色结节，内脏器官浆膜面及肾脏均有明显的白色尿酸盐沉积。

2. 治疗

给每只患鸡灌服鱼肝油 0.5～1 毫升/天，连用 10～15 天，大多可以恢复。辅助治疗可在 50 千克饲料中将多维素增加到 25 克，并补充青绿饲料或添加 AD_3 粉。

> **提示**
>
> 当种鸡发生维生素 A 缺乏时，只要能及时在日粮中加入维生素 A，在 1 个月左右可以恢复生殖能力。

3. 预防

保证饲料中含有充足的维生素 A，同时要注意饲料的保管，防止发生酸败、发热和氧化，以免破坏维生素 A。日粮最好现配现用。

> **注意**
>
> 由于维生素 A 不易迅速排出，故不可长期大剂量使用，以防中毒。

（二）维生素 B_1 缺乏症

又称硫胺素缺乏症，是由于饲料中维生素 B_1 不足或缺乏所引起的一种营养缺乏症。

1. 诊断要点

雏鸡常突然发病，表现为步伐不稳，行走困难，或以跗关节着地行走，进而两腿发生痉挛和出现角弓反张，头向背侧极度挛缩，呈"观星"姿势。有的则发生进行性麻痹，倒地不起。产蛋鸡发病较少，一般在维生素 B_1 缺 3 周以后才出现症状，表现为食欲不振，羽毛蓬乱无光泽，行走时步态不稳。种蛋孵化率降低，死胚增加，有的因无力破壳而死亡。病（死）鸡剖检可十二指肠溃疡；右心肥大，心房和心室扩张；生殖器萎缩，公鸡睾丸比母鸡卵巢更明显；雏鸡可出现皮下水肿，肾上腺肥大，母鸡比公鸡更明显。

病鸡站立不稳呈观星姿势，后仰，翻倒

2. 治疗

用维生素 B_1 按每只雏鸡每天 5～10 毫克拌料饲喂，连用 1 周。重症者可肌内注射维生素 B_1，按每只雏鸡每天 1 毫克，连用 3～5 天。

3. 预防

平时饲料中保持一定比例的米糠、麸皮等谷类饲料有利于防止本病的发生。

（三）维生素 B_2 缺乏症

本病是由于饲料中维生素 B_2 不足或缺乏所致。

1. 诊断要点

病雏出现特异性"趾内蜷"性麻痹，或出现跗关节麻痹（但仍有反应），腿外翻，肌无力，严重者脚趾完全向内蜷曲。有的无"趾内蜷"的现象，但出现严重的瘫痪。病鸡尚保留食欲，但生长缓慢，翅膀和尾部羽毛下垂，这可是最早能看到的症状。种鸡维生素 B_2 严重缺乏时才能引起产蛋率下降，但稍有缺乏即可引起孵化率严重下降，在孵化的中、后期出现胚胎死亡高峰，受影响的雏鸡则出现身材矮小、水肿、羽毛稀少、"棒状绒毛"、"趾内蜷"和麻痹。病（死）鸡剖检时可见坐骨神经和臂神经肿胀，坐骨神经变化尤为明显，

病鸡脚趾向内蜷曲

比正常增粗 4~5 倍。

2. 治疗

口服或肌内注射核黄素，雏鸡口服核黄素片（每片 5 毫克），每次 1/4 片，每天 2 次，连服 2~3 天。核黄素注射液 2 毫克（含核黄素 10 毫克）加 5% 葡萄糖 5 毫升，肌内注射，轻者 2~3 次，重者 3~5 次即可治愈。

3. 预防

保证饲料中含有足量的维生素 B_2（3.6~4 毫克/千克配合日粮）。

（四）生物素缺乏症

本病是由于饲料中生物素不足或缺乏所引起的一种营养缺乏症。

1. 诊断要点

在育成鸡，生物素缺乏首先出现的症状就是皮肤病变，表现为羽毛发育不良，皮炎、喙缘、眼睑、脚趾部出现结痂和龟裂，严重缺乏病例则出现生长抑制，皮肤和脚趾干燥、结痂、皲裂和出血，尤其在足底明显。羽毛稀少，鹦鹉嘴，有时腿变短，弯曲、跗关节肿大。种鸡严重缺乏生物素时才出现产蛋率下降，但轻微的缺乏即可引起种蛋孵化率下降，严重时甚至孵化率为零。胚胎腿骨和翅骨短小、弯曲和出现鹦鹉嘴。雏鸡由于脚趾部或脚垫皮肤脱落而可出现"红掌病"。病（死）鸡剖检时无特征性病理变化。

2. 治疗

按每千克饲料加入 0.1 毫克生物素喂服。

3. 预防

平时给鸡群可多喂青饲料、鱼粉或酵母粉。

（五）叶酸缺乏症

本病是由于饲料中叶酸不足或缺乏所致。

1. 诊断要点

病鸡表现为食欲降低，生长停滞，羽毛发育不良，巨红细胞性贫血，色素沉着障碍，长骨变短，胫骨弯曲、跗关节肿大、肌腱滑脱。此外，青年鸡缺乏时出现腹泻、颈麻痹。种鸡生产性能下降，种蛋孵化率降低、死胚增加。轻度缺乏时，胚胎可能孵化正常，但啄壳后很快死亡。严重缺乏时出现胚胎胫骨变短、弯曲和鹦鹉嘴。病（死）鸡剖检时无特征性病理变化。

2. 治疗

按每千克饲料加入 50 毫克叶酸进行治疗。

3. 预防

平时给鸡群可多喂些青绿饲料、酵母粉。

（六）维生素 D 缺乏症

本病是由于饲料中维生素 D 供应不足或其他原因引起的，以骨骼、喙和蛋壳发育异常为特征的一种营养代谢病。

1. 诊断要点

雏鸡维生素 D 缺乏时通常在 2～3 周龄时出现症状，最早可在 10～11 日龄发病。病鸡生长发育受阻，腿部衰弱无力，行走时步态不稳，站立困难。趾爪卷曲，喙变形下弯。羽毛发育不良。产蛋鸡在维生素 D 缺乏 2～3 个月后才出现症状，表现为蛋壳变薄、变脆，产蛋率下降，种蛋的孵化率降低。有时母鸡出现一过性瘫痪，当蛋产出后可恢复。产蛋鸡骨密度下降，疏松易断。病（死）鸡剖检时，雏鸡的特征变化是龙骨呈"S"状弯曲，在肋骨与脊椎连接处呈串珠状，肋骨弯曲，胫骨或股骨钙化不良。成年鸡的特征变化局限于骨骼和甲状旁腺。骨骼变软易折断，在肋骨与肋软骨接合部出现病理性骨折的迹象；病鸡甲状腺可增大数倍。

2. 治疗

一旦发病可给每只患病雏鸡口服鱼肝油 2～3 滴/次，每天 3 次，连用 3 天，并每天注射维丁胶性钙 0.2 毫升，连用 3 天，大多病雏鸡可以恢复。育成鸡按 50 国际单位/千克体重注射维生素 D，母鸡用量加倍。并同时在饲料中补充维生素 D_3，剂量以鸡群日龄和体重而定。但要注意的是，过量添加维生素 D 会造成中毒。

3. 预防

保证饲料中含有充足的维生素 D，并给予适当的光照是预防本病的关键。

（七）维生素 E 缺乏症

本病是由于饲料中维生素 E 供应不足或其他原因所致。

1. 诊断要点

① 脑软化症病型：通常发生于 5 周龄以内的鸡，以 2～3 周龄多见。临床症状包括肌无力、进行性共济失调、阵发性抽搐，头后仰、斜颈、麻痹甚至死亡。剖检病变多限于小脑，这可能与小脑中多不饱和脂肪酸在 2～3 周龄时含量最高有关，也可见于大脑和脑室。小脑水肿，有弥漫

性出血或出现出血斑,但有的病变部也可能小到肉眼不能辨认。脑软化症状出现后1~2天,则可见到不透明的、呈黄绿色的坏死灶。

② 渗出性素质病型:病鸡精神萎靡,食欲减退,羽毛蓬乱,双翅下垂。胸、腹部皮下水肿,眼观呈蓝绿色。剖检可见皮下、肌间组织积聚有大量蓝绿色渗出液,心包积液。

③ 肌营养不良病型:肌营养不良与渗出性素质同时发生,维生素E与含硫氨基酸(甲硫氨酸和缬氨酸)同时缺乏时更易发生。雏鸡以3~8周龄多发,主要表现运动障碍,腿肌软弱乏力,站立困难,行走时步态不稳,甚至发生麻痹或瘫痪。剖检可见骨骼肌变性和蜡样坏死,胸肌和腿肌出现苍白色条纹,俗称"白肌病"。雏鸡的维生素E(硒)缺乏,可表现为瘫痪,全身肌肉变性、坏死,以肌胃肌肉最明显,呈灰白色,有坚实感。蛋种鸡缺乏维生素E时,可导致种蛋孵化率降低,胚胎早期死亡率升高,并出现血管损伤(通常在孵化4天左右出现)。

2. 治疗

可用亚硒酸钠或维生素E肌内注射。也可补加于饲料中,使硒含量达0.1~0.15毫克/千克。于饲料中添加醋酸生育酚,按每千克饲料添加5~20毫克计算。

3. 预防

避免饲料中油脂过量;避免在饲料中加入酸败的油脂;避免饲喂陈旧、霉变的饲料,尤其是变质的鱼肝油;长期贮存的谷类饲料,应添加适量的抗氧化剂(维生素E和硒制剂);在饲料中添加足够的维生素E及含硫氨基酸。

(八) 维生素K缺乏症

维生素K缺乏多见于蛋雏鸡和肉小鸡,常在3周龄时出现症状,临床上已出现血管破裂性出血,甚至造成全身出血而死亡等为特征。

1. 诊断要点

病鸡出现食欲降低、精神沉郁、腹泻等非特异性症状,并常被其他疾病的症状所掩盖。病(死)鸡剖检时可见各组织器官有广泛出血,如皮下组织、肌肉和内脏出血,血液凝固不良。

2. 治疗

按每千克饲料加入0.5~1毫克维生素K,48~72小时内凝血时间恢复正常。

二、微量元素缺乏症

（一）锰缺乏症

本病又称骨短粗病，是由饲料中锰的含量不足，或机体对锰的吸收或利用障碍而引起。

1. 诊断要点

雏鸡缺锰生长停滞，出现骨短粗症，胫跗关节增大，病鸡不能站立，无法采食，饥饿或被同类践踏而死亡。成鸡出现生长迟缓、骨骼变形和软骨营养不良。蛋鸡和种鸡产蛋量减少，孵化率降低。胚胎在孵化后期死亡，出现骨骼变形、软骨营养不良、肢体短小、鹦鹉嘴、球形头。剖检见胫骨下端和跖骨上端弯曲扭转，使腓肠肌腱从跗关节骨槽中滑出而出现滑腱症。

2. 治疗

硫酸锰，剂量为每千克饲料添加硫酸锰0.1～0.2克。也可用饮水补锰，连用2～3天，停用2天，再用2天。也可在100千克饲料中加入硫酸锰15～20克，氯化胆碱100克，多维素40克，喂服。或者将饮水配成0.02%高锰酸钾水饮用，每天更换2～3次，连用2天，停2天，再饮用2天，都能收到较好的疗效。

3. 预防

平时要保证鸡日粮中锰的含量，可在饲料中添加硫酸锰（120～240克/吨）。按饲料营养标准，每千克饲料锰的需要量为：0～6周龄，60毫克；6～20周龄，30毫克；产蛋鸡，30毫克。

（二）硒缺乏症

本病是硒缺乏造成的以骨骼肌、心肌及肝脏变质性病变为基本特征的一种营养代谢病。

1. 诊断要点

① 渗出性素质病型、肌营养不良病型和脑软化症病型：请参照维生素E缺乏症的相关叙述。

② 胰腺变性病型：多见于日粮组成中维生素E充足而硒严重缺乏的雏鸡，病鸡表现为消化不良和腹泻。剖检见病（死）鸡胰腺体积缩小，宽度变窄，厚度变薄，质地变硬，颜色变浅。

2. 治疗

可用0.1%亚硒酸钠溶液肌内注射，成年鸡1毫升，雏鸡0.3～0.5毫升。配合补给适量维生素E，疗效更好。或按每千克饲料中加入1万国际单位维生素E或5克植物油（如花生油、豆油、菜籽油等），连用3～5天。也可在每千克饲料中加入0.1毫克亚硒酸钠，喂服1周。

3. 预防

在日粮中要按配方规定补加适量的硒，特别要注意饲料原料的来源地区。必要时，将饲料送往化验室，检测饲料中硒的含量。按饲料营养标准，每千克饲料中含硒量：0～6周龄，0.15毫克；6～20周龄，0.1毫克；产蛋鸡，0.1毫克。

（三）锌缺乏症

本病是由于饲料中锌绝对或相对不足所引起的一种营养缺乏病。

1. 诊断要点

病鸡表现为采食量减少，生长缓慢，羽毛发育不良，卷曲，易折损，皮肤角化过度，腿、趾部皮肤形成鳞片。青年鸡长骨变粗变短，跗关节肿大。产蛋鸡和种鸡产蛋率减少，孵化率下降，鸡胚发育不全，只有头和内脏，没有骨骼和肌肉。临界缺乏时，呈现增重缓慢，羽毛折损，开产延迟，产蛋率减少，孵化率降低等。

2. 治疗

按50千克饲料加入10克硫酸锌，连喂3～5天。

3. 预防

供给科学配方的饲料。按饲料营养标准，每千克饲料中含锌量：0～6周龄，40毫克；6～14周龄，35毫克；14～20周龄，50毫克；产蛋鸡，50毫克。按此标准供给，可满足鸡的需要。

三、鸡痛风

本病是指其血液中蓄积过量尿酸盐不能被迅速排出体外而引起的高尿酸血症。临床上可分为内脏型痛风和关节型痛风。

1. 诊断要点

【临床表现】 ①内脏型痛风：病鸡一般呈慢性经过，表现为食欲下降，冠泛白，贫血，脱羽，生长缓慢，产蛋率下降，粪便呈石灰水样，肛门周围羽毛常被污染。病鸡多因肾衰竭，呈现零星或成批的死亡。②关节型痛风：腿、翅关节肿胀，尤其是趾、跗关节肿胀。运动迟缓，跛行，不能站立。

【剖检病变】 见内脏浆膜如心包膜、胸膜、肠系膜及肝脏、脾脏、肠等器官表面覆盖一层白色、石灰样的尿酸盐沉淀物,肾脏肿大,色苍白,表面呈雪花样花纹,输尿管增粗,内有尿酸盐结晶。切开患病关节,有膏状白色黏稠液体流出,关节周围软组织以至整个腿部肌肉组织中,都可见到白色尿酸盐沉着,关节腔内因尿酸盐结晶有刺激性,常可见关节面溃疡及关节囊坏死。

【鉴别诊断】 ①本病出现的肾脏肿大、内脏器官尿酸盐沉积与肾脏型传染性支气管炎、鸡传染性法氏囊病等有相似之处。②本病出现的关节肿大、变形、跛行症状与病毒性关节炎,滑膜型支原体病,葡萄球菌病、大肠杆菌病、沙门氏菌病等引起的关节炎等类似,应注意区别。

2. 防治

针对具体病因采取切实可行的措施,往往可收到良好效果。本病必须以预防为主,积极采取改善饲养管理条件,减少富含嘌呤类蛋白的日粮,改变饲料尤其是钙、磷的配合比例,供给富含维生素A的饲料或于饲料中掺和沙丁鱼粉或少许新鲜牛粪(其含维生素B_{12}),供给充足的饮水等措施,可防止或降低本病的发病率。否则,仅采用手术摘除关节沉积的"痛风石"等对症疗法是难以根除的。对患病鸡可试用阿托方或苯基辛可宁酸120毫克/天,口服;或试用别嘌呤醇20毫克/天,口服。用秋水仙碱、水杨酸无效。近年来,对患病鸡使用各种类型的肾肿解毒药,或在其饲料中加入碳酸氢钠(2.5%~3.0%),或在其饮水中加入碳酸氢钠(0.5%~2.5%)可促进尿酸盐的排泄,对患鸡体内电解质平衡的恢复有一定的作用。

四、肉鸡腹水综合征

本病是由多种因素(遗传因素、饲养环境、营养、高海拔等)引起的一种综合征。临床上以肝腹膜腔积液、腹围下垂等为主要特征。

1. 诊断要点

【临床表现】 主要发生于20~50日龄快速生长的肉用仔鸡,病鸡初期表现精神不振,喜卧,腹部膨大,触之有波动感,随后行动困难,常以腹部着地,呈"企鹅"状,冠、髯暗红。部分病鸡死后还可见冠、髯和腹部皮肤有发绀现象。发病率在5%~40%不等,病死率很高。

【剖检病变】 病(死)鸡最明显的剖检病变为肝腹膜腔内有大量淡黄色液体,多达500毫升以上,腹水中混有纤维素凝块,肝脏肿大或萎缩,质地变硬或发硬。另外还可见心包膜增厚,心包积液,右心肥大,右心室扩张，心壁变薄，肺瘀血或水肿，胃、肠显著瘀血等。

【鉴别诊断】 ①本病出现的"企鹅"状姿势（腹部较大，运动时左右摇摆像企鹅一样运动）与传染性支气管炎或衣原体感染导致输卵管永久性不可逆损伤引起的"大档鸡"，或大肠杆菌引起的严重输卵管炎（输卵管内有大量干酪物）相类似。②本病出现的腹部容积变大与大肠杆菌、沙门氏菌或早期温度过低引起卵黄吸收不良，蛋鸡卵黄性腹膜炎等类似，都应注意区别。

2. 治疗

国内有多种治疗方法的报道，有中草药、中成药、利尿药、解毒保肝、健脾利水药、助消化药、在饲料中添加维生素C和维生素E、补硒、投服抗生素和磺胺类药物等对症疗法，对缓解临床症状、减少发病和死亡有一定帮助，但其效果不尽相同。最重要的应调查清楚其发病原因，有针对性地采取治疗措施。

3. 预防

（1）**改善鸡群管理及环境条件** 调整鸡群密度，防止拥挤；适当打开门窗通风，改善通风换气条件，减少鸡舍内二氧化碳和氨气的含量，以能有较充足的氧气流通，尤以冬季最为重要；严格控制鸡舍温度，防止过冷；早期限饲或控制光照，控制其早期的生长速度或适当降低饲料的能量。

（2）**合理搭配饲料** 按照肉鸡生长的需要供给平衡的优质饲料；禁止饲喂发霉的饲料；减少高油脂饲料；按营养需要要求配以食盐量；按科学配方，饲料中补充足量的维生素E、硒和磷，力求钙磷平衡。

（3）**日粮中补充维生素C** 日粮中补充维生素C，每千克饲料中添加0.5克的维生素C，对预防肉鸡腹水综合征能取得良好效果。

（4）**抗病选育** 选育对缺氧或腹水综合征或对二者都有耐受力的鸡品系。

五、蛋鸡脂肪肝综合征

本病又称为脂肪肝出血综合征，是由遗传、营养、环境、激素、有毒物质等引起的产蛋鸡的一种营养代谢病。

1. 诊断要点

【临床表现】 本病主要发生于重型鸡及肥胖的鸡。有的鸡群发病率较高，可高达31.4%~37.8%。当病鸡肥胖超过正常体重的25%时，产蛋率波动较大，可从60%～75%下降为30%～40%，甚至仅为10%，在下腹部可以摸到厚实的脂肪组织。病鸡冠及肉髯色浅，或发绀，继而变黄、萎缩，精神委顿，多伏卧，很少运动。有些病鸡食欲下降，鸡冠变白，体温正常，粪便呈黄绿色、水样。当拥挤、驱赶、捕捉或抓提方法不当时，引起强烈挣扎，甚至突然死亡。在易发病鸡群中，月均死亡率可达2%～4%，但有时可高达20%。

【剖检病变】 病（死）鸡剖检时可见皮下、腹腔及肠系膜均有大量的脂肪沉积。肝脏肿大，边缘钝圆，呈黄色油腻状，表面有出血点和白色坏死灶，质地极脆，易破碎如泥样，用刀切时，在切的表面上有脂肪滴附着。有的鸡由于肝破裂而发生内出血，肝脏周围有大小不等的血凝块。有的鸡心肌变性呈黄白色。有些鸡的肾略变黄，脾脏、心脏、肠道有程度不同的小出血点。

2. 治疗

目前本病尚无特异的治疗方法。

3. 预防

（1）合理调整日粮中能量和蛋白质含量的比例 一般采用饲料代谢能与粗蛋白的比例为（160～180）∶1。产蛋初期取低值，后期取高值。

（2）加强饲养管理

① 调整饲料配方：按鸡的日龄、体重、产蛋率甚至气温、环境的变化及时调整饲料配方，在控制高能物质供给的同时，掺入一定比例的粗纤维（如苜蓿粉）可使肝脏脂肪含量减少，但对产蛋率没有不利的影响。

② 控制饲养密度：提供适宜的温度和活动空间，减少应激因素。夏季做好通风降温，补喂热应激缓解剂（如杆菌肽锌等），有利于防止本病的发生。

③ 选择合适体重的鸡，剔除体重过大的个体：按120日龄鸡群平均体重计，凡高于平均体重15%～20%的鸡均应剔除，或分群饲养，限制饲喂，控制体重增长。

（3）药物预防

① 在饲料中供应足够的胆碱（1千克/吨），叶酸，生物素、核黄素、吡哆醇、泛酸、维生素E（1万国际单位/吨）、硒（1毫克/千克）、干酒糟、串状酵母、钴（20毫克/千克）、蛋氨酸（0.5克/千克）、卵磷脂、维生素B_{12}、肌醇（900克/吨）等。

② 水飞蓟是一种药用植物，可按1.5%的量配合到饲料中饲喂。

六、肉鸡低血糖-尖峰死亡综合征

本病是一种主要侵害肉仔鸡的疾病,临床上以突然出现的高死亡率、病鸡头部震颤、运动失调、昏迷、失明、同时伴有低血糖症,血浆呈苍白色等为特征。自1988年以来,我国华北地区多次发生。

1. 诊断要点

【临床表现】 本病发病批次集中,分布广泛。发育良好的公鸡发病率高,一般8日龄开始发病,死亡高峰在12~16日龄,4%~8%的死亡率持续2~3天,之后死亡率逐渐下降,呈典型的尖峰死亡曲线。病鸡表现为突然发病,表现为站立不稳、侧卧、走路姿势异常、尖叫、头部震颤、瘫痪、昏迷等严重的神经症状;早期下痢明显,晚期常因排粪不畅使米汤样粪便滞留于泄殖腔。

【剖检病变】 病(死)鸡剖检可见肝脏稍肿大,弥散有针尖大白色坏死点,胰腺萎缩、苍白、有散在坏死点,泄殖腔积有大量米汤状白色液体,十二指肠黏膜出血,法氏囊出血、萎缩,并存在散在坏死点,胸腺萎缩有出血点,肠道淋巴集结萎缩,脾脏萎缩,肾脏肿大、呈花斑状,输尿管有尿酸盐沉积。

2. 治疗

目前尚无特异性的治疗方法。只是采取减少应激及加强糖原分解等辅助手段,可在饮水中添加2%葡萄糖及多维。

3. 预防

控制光照可减缓本病的发生或发展。其机理可能是在生理条件下,黑暗可促进鸡释放褪黑激素,使糖原生成转变为糖原异生从而有效抑制血糖的恶性下降,一旦控制了血糖水平就能够阻断本病的发生,从而降低其发病率和死亡率。

第五节 中毒病

一、磺胺类药物中毒

常常由于应用不当、使用剂量过大、拌料或饮水中药物搅拌不均匀,或连续用药时间过长等引起的中毒病。

1. 诊断要点

有使用磺胺类药物的病史。

【临床表现】 病鸡表现为厌食,烦渴,羽毛松乱,精神沉郁,鸡冠、头面部及肉髯苍白或青紫，可视黏膜黄疸，生长停滞，排酱油状或灰白色稀粪，或蛋清样稀粪，有不同程度的死亡。产蛋鸡产蛋率急剧减少，产软壳蛋，蛋壳薄，表面粗糙，棕色蛋壳褪色。小公鸡用磺胺二甲基嘧啶治疗10天后，性成熟提早，表现为鸡冠和肉髯的发育加快和睾丸增大。急性病例有时还表现有兴奋、摇头、惊厥、麻痹等神经症状。

【剖检病变】 病（死）鸡剖检见血液稀薄，凝血时间延长；皮下、胸肌及腿内侧肌肉有点状或斑状出血；腺胃、肌胃角质膜下层可能出血；肠道可见点状和斑块状出血，盲肠内含有血液；肝脏肿大，呈紫红或黄褐色，有时可见出血斑点和坏死灶；胆囊扩张；脾脏肿大，有出血性梗死和灰色结节；心肌呈条纹状出血，并有灰色结节；肾脏肿大，色浅，呈花斑样，输尿管变粗，肾小管和输尿管充满白色尿酸盐，肾盂和肾小管可见磺胺结晶；骨髓由正常的暗红色变为浅红色，严重者甚至变为黄色。

2. 治疗

一旦发现中毒，应立即停止用药，并采取对症疗法，即在饮水中加入1%~2%小苏打或5%葡萄糖水，每千克饲料中添加0.2克维生素C和35毫克维生素K，同时，还应添加多维素或复合维生素B。

3. 预防

（1）**严格按药物的剂量、用法及疗程用药** 在疾病防治中，应准确计算应用剂量；使用磺胺类药物时，时间一般不超过5天；加入饲料和饮水中的药物要混匀。如发现鸡群食欲普遍减退、精神不活泼时，应立即停药。

（2）**合理用药** 1月龄以下的雏鸡和产蛋鸡，应尽量避免使用磺胺类药物。尽量选用含抗菌增效剂的磺胺类药物，治疗肠道疾病时，应尽量选用在肠道内吸收率低的磺胺类药物。

> **注意**
> 在使用磺胺类药物时，应供给充足的饮水，并提高饲料中维生素B和维生素K的含量。

二、土霉素中毒

因长期喂服、给药量比规定量大，或搅拌不均匀等引起的中毒病。

1. 诊断要点

有使用土霉素的病史。

【临床表现】 土霉素中毒多为慢性经过，病鸡精神沉郁，采食减少，拉稀，羽毛蓬乱无光，生长缓慢，蛋鸡产蛋率明显下降，龙骨弯曲等。

【剖检病变】 病（死）鸡剖检见腺胃壁、十二指肠壁水肿，黏膜呈脓性脱落，黏膜下层有弥漫性大小不等的出血点；肌胃质膜角质化、皲裂或溃疡，肝脏呈土黄色，肿胀质脆，肾肿大充血，输尿管扩张，有的鸡心脏、肝脏、肺、气囊表面有石灰样渗出物。

2. 治疗

一旦发现中毒，应立即停止用药，并采取对症疗法，即给病鸡饮用5%的葡萄糖水、绿豆水或甘草水。

3. 预防

请参考第四章第五节中鸡磺胺类药物中毒预防部分的叙述。

三、黄曲霉毒素中毒

本病是鸡采食了被黄曲霉菌、毛霉菌、青霉菌侵染的饲料，尤其是由黄曲霉菌侵染后产生的黄曲霉毒素而引起的一种中毒病。

1. 诊断要点

【临床表现】 2～6周龄的雏鸡对黄曲霉毒素最敏感，最急性中毒者，常没有明显症状而突然死亡。病程稍长的病鸡主要表现为精神不振，食欲减退，嗜睡，生长发育缓慢，消瘦，贫血，体弱，冠苍白，翅下垂，腹泻，粪便中混有血液，鸣叫，运动失调，甚至严重跛行，腿、脚部皮下可出现紫红色出血斑，死亡前常见有抽搐、角弓反张等神经症状，死亡率可达100%。青年鸡和成年鸡的中毒一般为慢性中毒，表现为精神委顿，运动减少，食欲不佳，羽毛松乱，蛋鸡开产期推迟，产蛋率减少，蛋小，蛋的孵化率降低。中毒后期鸡有呼吸道症状，伸颈张口呼吸，少数病鸡有浆液性鼻液，最后卧地不起，昏睡，最终死亡。

【剖检病变】 急性中毒死亡的雏鸡可见肝脏肿大，色泽变浅，呈黄白色，表面有出血斑点，胆囊扩张，肾脏苍白稍肿大。胸部皮下和肌肉常见出血。成年鸡慢性中毒时，剖检可见肝脏变黄，逐渐硬化，体积缩小，常分布白色点状或结节状病灶，心包和腹腔中常有积液，小腿皮下也常有出血点，有的鸡腺胃肿大。慢性中毒时间较长的病鸡可形成肝癌结节。

2. 治疗

目前尚无有效的解毒药物，发病后应立即停喂霉变饲料，更换新料，可投服盐类泻剂，排除肠道内毒素，并采取对症治疗，如饮服葡萄糖水，增加多维素量等。

3. 预防

根本措施是不喂霉变的饲料。平时要加强饲料的保管工作，注意干燥、通风，特别是在温暖多雨的谷物收割季节更要注意防霉。饲料仓库若被黄曲霉菌污染，最好用福尔马林熏蒸或用过氧乙酸喷雾，才能杀灭霉菌孢子。凡被毒素污染的用具、鸡舍、地面要彻底清理，并用2%的次氯酸钠消毒。

> **提示**
>
> 因黄曲霉毒素不易被破坏，加热煮沸也不能使毒素分解，所以中毒死鸡、排泄物等要销毁或深埋，坚决不能食用。粪便清扫干净，集中处理，防止二次污染饲料和饮水。

四、食盐中毒

食盐是鸡体生命活动中不可缺少的成分，饲料中加入一定量食盐对增进食欲、增强消化机能、促进代谢、保持体液的正常酸碱度，增强体质等有十分重要的作用。若采食过量，可引起中毒。

1. 诊断要点

【临床表现】 轻微中毒时，表现为口渴，饮水量增加，食欲减少，精神不振，粪便稀薄或稀水样，死亡较少。严重中毒时，病鸡精神沉郁，食欲不振或废绝，有强烈口渴表现，拼命喝水，直到死前还喝，口鼻流出黏性分泌物，嗉囊胀大，下泻粪便稀水样，肌肉震颤，两腿无力，行走困难或步态不稳，甚至完全瘫痪；有的还出现神经症状，惊厥，头颈弯曲，胸腹朝天，仰卧挣扎，呼吸困难，最后衰竭而死亡。产蛋鸡中毒时，还表现产蛋率下降和产蛋停止。

【剖检病变】 病（死）鸡剖检见皮下组织水肿；嗉囊中充满黏性液体，黏膜脱落；食道、腺胃黏膜充血、出血，黏膜脱落或形成伪膜；小肠发生急性卡他性肠炎或出血性肠炎，黏膜红肿、出血；心包积水，血液黏稠，心脏出血。腹水增多，肺水肿。脑膜血管扩张充血，或见小点出血。肾脏和输尿管有尿酸盐沉积。

2. 治疗

当有鸡出现中毒病时，应立即停喂含食盐的饲料和饮水，改换新配饲料，大量供给鸡群清洁的饮水，轻度或中度中毒鸡便可以恢复。

提示

> 供给病鸡清洁饮水时，应采取多次、少量、间断的方式，切忌暴饮，以免一次性饮水过量而导致严重的脑水肿。

3. 预防

按照饲料配合标准，加入0.3%~0.5%食盐。防止饲料配制工作中的计算失误，或混入时搅拌不匀。利用含盐量高的鱼粉、副产品喂鸡时，要有一定的限制。

五、一氧化碳中毒

本病是煤炭在氧气不足的情况下燃烧所产生的无色、无味的一氧化碳气体被鸡吸入后导致全身组织缺氧而中毒。临床上以全身组织缺氧为特征。雏鸡在含0.2%一氧化碳环境中2~3小时即可中毒死亡。

1. 诊断要点

鸡舍内有燃煤取暖的情况。

【临床表现】 轻度中毒时，表现为精神不振、运动减少，采食量下降，羽毛松乱，鸡冠呈樱桃红色。严重中毒时，病鸡表现为烦躁不安，接着出现呼吸困难，运动失调，昏迷、嗜睡，头向后仰，死前出现肌肉痉挛和惊厥。

【剖检病变】 轻度中毒的病死鸡无肉眼可见的病理剖检变化。重症者剖检可见血液呈鲜红色或樱桃红色，肺部颜色鲜红，嗉囊、胃肠道内空虚，肠系膜血管呈树枝状充血，皮肤和肌肉充血和出血，心脏、肝脏、脾脏肿大，心肌坏死。

2. 治疗

一旦发现中毒，应立即打开鸡舍门窗或通风设备进行通风换气，同时还要尽量保证鸡舍的温度。或立即将所有的鸡都转移到空气新鲜的环境中，病鸡吸入新鲜空气后，轻度中毒鸡可自行逐渐康复。对于重症者可皮下注射糖盐水及强心剂，有一定的疗效。也可用输氧等方法进行辅助治疗。

3. 预防

采用烧煤保温时应经常检查取暖设施，防止烟囱堵塞、倒烟、漏烟。

> **提示**
>
> 每天巡视鸡舍内通风换气设备，保持设备和烟道的安全、通畅。

六、氨气中毒

本病是由鸡舍内一定含量的氨气引起的中毒病。鸡对氨气较敏感，鸡舍内氨气的含量应低于 20 毫克/千克，超过这个含量后，鸡会出现不同程度的中毒现象。含量在 50～75 毫克/千克时，可引起鸡饲料消耗降低；含量超过 75 毫克/千克后，鸡心率和呼吸异常，气管和支气管出血。

1. 诊断要点

饲养员进入鸡舍后，感觉有刺鼻的臭味、流泪，鼻黏膜有酸辣感，或感到呼吸困难、胸闷、睁不开眼、流泪等情况。

【临床表现】 轻度中毒时，由于氨气的溶解度极高，常被吸附在鸡的皮肤黏膜和眼结膜上，引起角膜发炎和结膜炎，出现畏光、流泪，呼吸加快，粪便变稀，采食量下降；严重中毒时，食欲降低甚至废绝，稀便、绿便增多，鼻流稀薄黏液并伴有灰白色分泌物，伸颈呼吸，冠及颜面发绀，有的鸡甩头，头颈前伸或后仰，呼吸麻痹，倒地，突然出现大批死亡。产蛋鸡出现产蛋率下降。

【剖检病变】 病死鸡尸体松软，不易僵化；皮肤、腿和胸肌苍白，皮下有出血点；血液稀薄；喉头水肿、充血并有渗出物蓄积，气管和支气管黏膜充血、出血，肺水肿、有瘀血，深紫色，有坏死，气囊轻度混浊；心包积水，心冠脂肪有点状出血，心肌柔软；肝脏、脾脏、肾脏肿大；有浅黄色或红色腹腔积液。

2. 治疗

（1）加强通风，排出有害气体 发现鸡群有氨气中毒症状时，要立即打开门窗、排气孔和排气扇等所有通风设备，对鸡舍进行通风换气，并及时清除鸡舍粪便和垫料，同时用草木灰铺撒地面。有条件的可以把鸡转移至环境较好的另一鸡舍。

（2）辅助疗法

① 向鸡舍内墙、棚壁上喷洒稀盐酸，降低氨气含量。

② 饮水中按 0.03% 的质量分数加入硫酸铜。全群鸡饮服或灌服 1%

稀醋酸，每只5~10毫升，或用1%硼酸水溶液洗眼，涂擦氯霉素眼膏，并供饮5%糖水，口服维生素C片0.05~0.1克/只，并辅以普康素等免疫增强剂饮水，一般经1~2天即可痊愈。对于已出现诸如咳嗽、拉稀等中毒症状的鸡，饮水中加入适量的环丙沙星，或在饲料中用110~330毫克/千克的吉他霉素，以防继发感染。

3. 预防

（1）加强饲养管理 及时清除并更换鸡舍（特别是平养肉鸡舍）的粪便和垫料。加强通风换气，保持鸡舍内空气新鲜。特别是在冬季，除做好保温工作外，要重视鸡舍内的排污除湿。饲养人员平时要注意鸡舍内氨气的含量变化。

（2）药物预防 用0.1%~0.2%过氧乙酸喷雾，每立方米鸡舍用30毫升，每周2次，喷雾时雾滴越小越好，可防止鸡氨气中毒。或在鸡舍内撒过磷酸钙以减少氨气的产生，一般每10米^{3}撒0.5千克左右，每周1次。或在鸡饲料中添加丝兰属植物丝兰竹，可达到抑制氨气释放到鸡舍内的效果。添加微生态制剂（一般添加量为0.5%~1%）可有效提高饲料转化率，减少粪便中含氮物质的总量，从而有效降低氨气产生的量。

（3）做好肠道疾病防治 做好如球虫病、鸡白痢、肠炎等的防治工作。

第六节　其他疾病

一、肉鸡猝死综合征

本病又称急性死亡综合征，常发生于生长迅速、体况良好的幼龄肉鸡群，肉种鸡和蛋鸡也有发生。

1. 诊断要点

【临床表现】 本病的发生无季节性，无明显的流行规律。公鸡发病比母鸡多见，鸡群中因该病而死亡的鸡中，公鸡占70%~80%；营养好、生长发育快的鸡较生长慢的鸡多发。本病多发生于1~5周龄的鸡，死亡率在0.5%~5%之间。鸡在发病前并无明显的征兆，采食、活动、饮水等一切正常。病鸡表现为正常采食时突然失去平衡，向前或向后跌倒，翅膀剧烈扇动，发出尖叫声，肌肉痉挛而死。死亡鸡多两脚朝天，腿和颈伸直，从发病到死亡的持续时间很短，为1~2分钟。

【剖检病变】 死亡鸡剖检可见生长发育良好，嗉囊及肠道内充满刚采食的饲料，肝脏稍肿大，胆囊小或空虚，肺有瘀血、水肿，右心房有瘀血，心室紧缩。

2. 治疗

由于发病突然，死亡快，所以并无有效的治疗办法。

3. 预防

（1）改善环境因素　鸡舍应防止噪声及突然惊吓，减少各种应激因素。合理安排光照时间，在肉鸡3～21日龄时，光照时间不宜太长，一般为10小时。3周龄后可逐渐增加光照时间，但每天应有2个光照期和2个黑暗期。

（2）适量限制饲喂　对3～30日龄的雏鸡进行限制性饲喂，控制肉鸡的早期生长速度，可明显降低本病的发生率，在后期增加饲喂量并提高营养水平，肉鸡仍能在正常时间上市。

（3）药物预防　在本病的易发日龄段，每吨饲料中添加1千克氯化胆碱，1万国际单位的维生素E，12毫克维生素B_1和3.6千克的碳酸氢钾及适量维生素AD_3，可使猝死综合征的发生率降低。

二、笼养鸡产蛋疲劳综合征

本病又称笼养蛋鸡瘫痪、软腿病或骨软化症，是笼养鸡由于物质代谢障碍而发生的以腿软弱、麻痹，易骨折为特征的一种代谢障碍病。

1. 诊断要点

【临床表现】 笼养鸡经过一段时间的产蛋后，病鸡出现精神不振，产蛋率减少，产软壳蛋和破壳蛋，种蛋的孵化率降低。随后出现站立困难，腿软无力，常蹲伏不起，负重时以飞节或尾部支撑身体，严重时发生骨折，或瘫痪于笼中。最后消瘦、衰竭死亡。若及时将病鸡移至地面饲养，多数病鸡会自然康复。

【剖检病变】 病（死）鸡剖检时除可见骨折外，还可见到胸骨与背侧肋骨接头处增生形成串珠状，胫骨和股骨等长骨薄而脆，易骨折，骨断面上有凝血块，血液稀薄，凝固不良，甲状旁腺肥大，比正常肿大约数倍；内脏器官无明显异常。

2. 治疗

对于发病鸡，可增加饲料中的钙磷含量，同时添加维生素AD_3，连用数天。将发病鸡转至宽松笼内或地面饲养，一般过几天后腿麻痹症状可以消失。

3. 预防

（1）检查和调整笼养鸡饲料中钙磷含量和二者的比例　笼养鸡饲料中钙磷含量要稍高于平养鸡，饲料中钙的含量不低于 3.2%～3.5%，有效磷保持在 0.4%～0.42%，保证充足的矿物质、维生素（尤其是维生素 D）。

（2）加强饲养管理　蛋鸡在上笼前实行平养，自由运动，增强体质。鸡笼的尺寸应根据鸡的品种而定。鸡舍内光照要充足，同时要保持环境安静，减少各种应激因素。

> **提示**
>
> 鸡的上笼日龄不要过早或太迟，以 70 日龄为宜。

三、鸡的异嗜癖（啄癖）

异嗜癖是由于营养代谢机能紊乱、味觉异常和饲养管理不当等引起的一种非常复杂的多种疾病的总称，常见的有啄羽、啄肛、啄蛋、啄趾、啄头等。

1. 诊断要点

（1）啄羽癖　可发生于各种年龄的鸡。幼鸡在开始生长新羽毛或换小毛时，产蛋鸡在盛产期和换羽期多见。先由个别患鸡自食或互啄食羽毛，严重者鸡的尾羽和翼羽绝大部分都被啄去，几乎成为秃鸡，严重影响鸡的产蛋率和健康。

啄羽癖

（2）啄肛癖　最常发生于雏鸡的育雏阶段和产蛋后期。雏鸡白痢时，引起其他雏鸡啄食病鸡的肛门，肛门被伤和出血，严重时直肠被啄出，以鸡的死亡告终。蛋鸡在产蛋后期由于腹部韧带和肛门括约肌松弛，产蛋后泄殖腔不能及时收缩回去而较长时间留露在外，造成互相啄肛，易引起输卵管脱垂和泄殖腔炎。

（3）啄蛋癖　多见于产蛋旺盛的季节，最初是蛋被踩破啄食引起，以后母鸡则产下蛋就争相啄食，或啄食自己产的蛋。

（4）啄趾癖　多发生于雏鸡，表现为啄食脚趾，造成脚趾流血，跛行，严重者脚趾被啄光。

2. 治疗

发现鸡群有啄癖现象时，立即查找、分析病因，采取相应的治疗措施。被啄伤的鸡及时挑出，隔离饲养，并在啄伤处涂2%甲紫。对于啄趾癖和啄肛癖，可将饲料中食盐含量提高到2%~3%，连喂3~4天。饲料另外添加啄肛灵，按照说明连用数天，症状严重的予以淘汰。有啄羽癖的，在饲料中加入2%石膏粉，连用3~5天，同时注意铁、B族维生素的补充。有啄蛋癖的应立即隔离病鸡，以防群体效仿。如果是因为饲料中的矿物质含量不足，应及时添加维生素和矿物质。

3. 预防

（1）断喙 雏鸡7~9日龄时进行断喙，一般上喙切断1/2，下喙切断1/3，70日龄时再修喙1次。

（2）及时补日粮给所缺的营养成分 如果蛋白质和氨基酸不足，则需添加豆饼、鱼粉、血粉等；若是因缺乏铁和维生素B引起的啄羽癖，则每只成年鸡每天给硫酸亚铁1~2克和维生素B 5~10毫克，连用3~5天；若暂时弄不清楚啄羽病因，可在饲料中加入2%石膏粉，或是每只鸡每天给予0.5~3克石膏粉；若是缺盐引起的恶癖，在日粮中添加1%~2%食盐，供足饮水，此恶癖很快消失，随之停止增加的食盐量只能维持在0.3%~0.39%，以防发生食盐中毒；若缺硫引起啄肛癖，在饲料中加入1%硫酸钠，3天之后即可见效，啄肛停止以后，改用0.1%硫酸钠加入饲料内，进行经常性预防。总之，以上方法只要利用得当，皆可收到良好疗效。

（3）改善饲养管理 消除各种不良因素或应激源的影响，如合理调整饲养密度，防止拥挤；及时分群，使之有宽敞的活动场所；通风，保持室温适度；调整光照，防止光线过强，产蛋箱避开强光处；及时拣蛋，以免蛋被踩破或打破被鸡啄食；饮水槽和料槽放置要合适；饲喂时量要安排合理，肉鸡和种禽在饲喂时要防止过饱，限饲日也要少量给饲，防止过饥；防止笼具等设备引起的外伤；发现鸡群有体外寄生虫时，及时进行药物驱除。

四、蛋鸡输卵管囊肿

蛋鸡输卵管囊肿多发生于蛋鸡或蛋种鸡。临床上以产蛋率减少或停产、腹部膨大为特征。

1. 诊断要点

【临床表现】 患鸡初期精神状态很好，羽毛有光泽，鸡冠红润，但采食减少。随着病情的发展，腹部膨大下垂，头颈高举，行走时呈"企鹅"状姿势。

【剖检病变】 剖检时小心剥离腹部皮肤，打开腹腔，即可发现充满清亮、透明液体的一个或数个囊包，囊壁很薄，稍触即破，壁上布满清晰可见的血管网。顺着囊包小心寻找附着点，发现囊包均附着在已发生变形、变性的输卵管上。囊包液一般在500毫升以上。卵巢清晰可见，有的根本未发育，有的已有成熟卵泡，有的已开始产蛋。整个消化道空虚。肝脏被囊肿挤压向前，萎缩变小。肾脏多有散在的出血斑，但不肿大。

病鸡腹腔输卵管积液

2. 治疗

目前尚无有效的防治方法，如发现病鸡则建议淘汰。

3. 预防

由于病因复杂，目前尚无有效的针对性预防措施。

五、中暑

本病是指鸡群在气候炎热、舍内温度过高、通风不良、缺氧的情况下，因机体产热增加，散热不足所导致的一种全身功能紊乱的疾病。当夏季气温达到33℃以上时，鸡就可能发生中暑。

1. 诊断要点

轻症时主要表现为采食减少；饮水增多，约为采食量的3倍；粪便稀薄，上层鸡笼的鸡尤甚；产蛋率下降，一般维持在80%~85%，同时蛋形变小，蛋壳色泽变浅；有时呼吸较快，张口喘息等。重症时表现为体温升高，肛温可达43℃，触其胸腹，手感灼热；有时眼半闭，反应迟钝，略现昏沉；呼吸、心跳明显加快，常半展双翅，伸颈张口，急速喘息；很少采食或废食，新添饲料也不理会；烦渴频饮，同时出现大量水泻。在大多数鸡出现上述症状时，通常伴有个别或少量死亡，夜间与午后死亡较多，上层鸡笼的鸡死亡较多。最严重的可在短时间内出现大批鸡神志昏迷，其中一部分死亡。

鸡热性喘息

2. 防治

（1）做好防暑降温工作　在鸡舍上方搭建防晒网，可使舍温降低3~5℃；也可于春季在鸡舍前后多种丝瓜、南瓜，夏季藤蔓绿叶爬满屋顶，遮阳保湿，舍内温度可明显降低；根据鸡舍大小，分别选用大型落地扇或吊扇；饮水用井水，少添勤添，保持清凉；产蛋鸡舍除常规照明灯之外，再适当安装几个弱光小灯泡（如用3瓦节能灯），遇到高温天气，晚上常规灯仍按时关，随即开弱光灯，直至天亮，使鸡群在夜间能看见饮水，这对防止夜间中暑死亡非常重要；遇到高温天气，中午适当控制喂料，不要喂得太饱，可防止午后中暑死亡；平时可往鸡的头部、背部喷洒纯净的凉水，特别是在每天14:00以后，气温高时每2~3小时喷1次；病情危急时，可对鸡体喷凉水，并将神志昏沉的鸡从笼内取出，置于舍外凉爽通风处，用凉水喷浇或浸浴，争取多数能够获救。

（2）药物防治

① **维生素C**：当舍温高于29℃时，鸡对维生素C的需要量增多而体内合成减少，因此，整个夏季应持续补充，可于每100千克饮水中加5~10克，或每100千克饲料加10~20克。在采食明显减少时，以饮服为好。其他各种维生素，尤其是维生素E与B族，在夏季也有广泛的保健作用，可促使产蛋水平维持较高较稳，蛋壳质量较好，并能抑制多饮多泻，增强免疫抗病力。

② **碳酸氢钾**：当舍温达34℃以上时在饮水中加0.25%碳酸氢钾，昼夜饮服，可促使体内钠、钾平衡，对防止中暑死亡有显著效果。

③ **碳酸氢钠**：可于饲料中加0.3%，或于饮水中加0.1%碳酸氢钠，昼夜饮服；若自配饲料，可相应减少食盐用量，将碳酸氢钠在饲料中加到0.4%~0.5%，或在饮水中加到0.15%~0.2%。

④ **氯化铵**：在饮水中加0.3%氯化铵，昼夜饮服。

第五章 鸡场疾病的综合防治策略

随着集约化养鸡场的迅速发展,若疏于鸡病的防控与防治,往往会使整个鸡群乃至于鸡场毁于一旦,造成极大的经济损失。因此,养鸡业的成败,在很大程度上取决于对鸡病综合防治工作的实际效果。

第一节 鸡传染病的防治

一、传染病流行的3个基本环节

鸡的传染病是如何从个体感染发病,扩展到群体流行的?这一过程的形成,必须具备3个相互连接的必要的环节,即传染源、传播途径和易感动物(图5-1)。

鸡感染疫病的过程

图5-1 传染病流行的3个基本环节

1. 传染源

临床上传染源就是指感染的病(死)鸡或其他畜禽,包括无症状隐性感染的带菌(毒)鸡、候鸟等。而被病原微生物污染的各种外界因素,如饲料、饮水、空气、土壤、鸡舍、用具等,由于缺乏病原微生物的生活条件,不适于病原微生物长期生存繁殖,也不能持续排泄出病原微生物，因此它们不是传染源，而被称为传染媒介。

2. 传播途径

是指病原微生物从传染源侵入易感健康鸡体内的途径。鸡传染病的常见传播途径有：经孵化室传播、经污染的饲料和饮水传播（即消化道传播）、经空气传播（即呼吸道传播）、经羽毛和皮屑传播、经鸡混群传播、经活的媒介传播、经设备用具传播。此外，饲养人员、兽医技术人员、外来人员或参观者随意进入鸡场或接触鸡群，这些人就有可能不知不觉地被病原体污染了手、衣服、鞋袜以及身体表面，常常在疾病传播中起着十分重要的作用，尤其是接触过病（死）鸡或从疫区过来的人员，则危险性更大，是鸡群暴发急性传染病的一个重要因素。

> **提示**
>
> 研究传播方式和传播途径是为了控制病原体的继续散播，它是防制传染病最重要的环节之一。

3. 易感鸡群

是指对病原体没有抵抗力的鸡群，鸡群对于某种传染病病原体感受性的高低与鸡群中易感个体所占的百分比高低有关，直接影响到传染病能否在鸡群中流行或造成危害的大小。鸡群对传染病的易感性决定于下列因素：鸡群的抵抗力、免疫接种的质量、鸡体免疫器官的状态、鸡群的健康状况、鸡群的饲养管理水平等。

二、疫苗和预防接种

疫苗其实包括病毒疫苗、菌苗和虫苗3种，确切地讲，病毒疫苗是预防病毒性疾病的生物制品，菌苗是预防细菌性疾病的生物制品，虫苗是预防寄生虫性疾病的生物制品，但人们为了方便都通称为疫苗。

一个良好的疫苗应具备以下条件：安全性好且没有明显的副反应；能产生坚强的免疫力（保护率高）和保护时间长（免疫期长）；性能稳定而易于保存；使用方法简便，易于大面积推广应用；价格低廉，来源充足。

> **提示**
>
> 目前鸡的疫苗仍存在这样或那样的缺陷，完全符合这5个条件的并不多。

1. 疫苗的保存和运输

(1) 疫苗的保存

1) 弱毒疫苗。由于弱毒疫苗是为活的病毒（细菌、寄生虫）制备的，而病毒（细菌、寄生虫）的成活与其生存的环境有关。一般来说，低温对病毒（细菌）的存活更有利些，因此，不管是冻干苗，还是湿苗，均应低温保存（-15℃以下），而且温度越低保存时间越长，如鸡传染性法氏囊疫苗，在-15℃以下，其冻干苗可保存18个月以上，0~4℃保存12个月，但在20~30℃保存期则不超过10天。而湿苗在-20℃冰箱里可保存2年。

> **提示**
>
> 鸡马立克氏病的细胞结合疫苗必须在液氮中保存。

2) 灭活疫苗。一般在4~10℃避光保存，如鸡产蛋下降综合征灭活苗，4℃条件下避光保存，有效期为1年，20℃保存6个月。

> **注意**
>
> 油乳剂灭活苗在冷冻后会出现破乳分层现象，故灭活苗不需冷冻保存。

(2) 疫苗的运输

1) 弱毒苗。整个运输过程都应在冷藏（如保温瓶、冷藏箱、冷藏车等）条件下进行。若条件达不到，就应在疫苗的包装箱里放上冰袋，并尽可能以最快的方式（如空运）发送到目的地，严防在高温和日光暴晒下运输。

2) 灭活苗在运输中既要防止暴晒，又要防止冻结。疫苗运输过程中，还要防止碰撞、翻转而使疫苗瓶破裂，可将玻璃瓶改为塑料瓶进行罐装。任何出现残损的疫苗均不得使用。

2. 疫苗的免疫接种方法

根据疫苗的类型、疫病特点及免疫程序来选择接种方法，只有正确地、科学地使用和操作，才能获得预期的效果。鸡场一般采用下列接种方法。

(1) 饮水免疫法 是养鸡生产上经常使用的一种主动免疫方法。此法的优点在于不会骚扰鸡群，省时省力。

提示

鸡传染性支气管炎、传染性法氏囊病及禽脑脊髓炎等可通过饮水接种获得保护。

【操作方法】 鸡饮水免疫时的参考饮水量见表5-1。

表5-1 鸡饮水免疫时的参考饮水量

日龄＼品种	蛋鸡/(毫升/只)	肉鸡/(毫升/只)
5～15	5～10	5～10
16～30	10～20	10～20
31～60	20～30	20～40
61～120	30～40	40～50
120以上	40～45	50～55

在水中开启装有疫苗的小瓶，以清洁的棒搅拌，将疫苗和水充分混匀。为延长疫苗的活性，可在每10千克水中加30克脱脂奶粉。稀释的疫苗最好在2小时以内饮用完毕。

【缺点】 疫苗只有接触到鸡的鼻、咽部黏膜时，才引起免疫反应，而进入腺胃中的疫苗毒会很快死亡，因而往往免疫效果较差，此法还易受其他多种因素影响。

【注意事项】

1）饮水质量：饮水质量可以直接影响疫苗的稳定性和活力，从而影响接种疫苗对鸡群的抗体水平。饮水中的消毒剂残留可以使大量的疫苗毒粒子灭活而造成免疫失败。如果饮水中含有残留氯，应在敞口容器中放置过夜后再使用。若担心有其他残留，可用生理盐水、蒸馏水或凉开水稀释疫苗。

2）饮水器（槽）和水管状况：要准备充足的饮水器（槽），确保绝大多数鸡能同时饮上水。同时在饮用疫苗前，应用不含消毒剂的水清洗饮水器，或在前几天用浓枸橼酸溶液通过饮水管线24小时，以清除附着在管壁上的有机物。此外，在饮水前24小时，可用炼乳或脱脂奶粉经加药器通过供水系统以中和残留的消毒剂。

> **提示**
>
> 附加的饮水器不宜用金属制品,以免降低疫苗效价。

3)停止饮水的时间:为了使鸡群中大部分鸡都得到有效的疫苗接种,必须使鸡产生适当程度的渴感。根据经验,大多数鸡群要经过2小时停水才能产生渴感。但实际应用时还要根据环境因素,特别是鸡舍内的温度进行调整。如果舍温高(29~32.2℃),停止饮水1小时就可使鸡产生适度的渴感,如果舍温低(21.1℃以下),则需停水4小时或4小时以上。所以饮水免疫前应停止供水2~4小时,一般夏季可停水2小时左右,冬季停水4小时左右。此外,停止饮水时间直接影响鸡饮用疫苗的速度,这会对疫苗的免疫效果产生显著的影响。

4)疫苗剂量和可配伍性:饮水接种疫苗是一种群体接种方法,很难使每只鸡都得到均一的保护剂量的疫苗。特别是影响个体鸡摄入量的因素很多,因此,饮水免疫的剂量一定要足,一般是滴鼻、点眼剂量的2~3倍。

> **注意**
>
> 在几种疫苗配合使用时,未经证实可以配伍的疫苗不能随意配合使用。

5)接种疫苗的持续时间:从理论上讲,应当在清晨给鸡接种疫苗,并且应当在2小时内使鸡将疫苗全部饮完。不足1小时,会使有些鸡未能饮到足够剂量的疫苗;如超过2小时,则可能损害疫苗的活力。

6)鸡群的健康状态:在一般情况下,只给健康鸡接种疫苗。因为鸡在患病时已经受到应激,由活疫苗另外造成的应激只能使病情加重。最好在接种疫苗后,要对鸡群细心观察几天,以检查接种后有无不良反应。此外,不能给处于应激状态的鸡群接种疫苗,因为应激本身是一种免疫抑制并且可以干扰主动免疫,此时接种很可能使疫苗反应加大。

7)疫苗管理和保存:用于饮水接种的疫苗,要始终用冰盒或冰瓶等冷藏密闭容器运送至鸡舍,防止日光直接照射疫苗。疫苗一旦配制就应尽快泵入饮水系统,要始终保证配制饮水疫苗所用的水中含有疫苗稳定剂(如脱脂奶粉和炼乳),并且是冷水。

(2)滴鼻、点眼法 多用于雏鸡的弱毒苗免疫,其优点是疫苗可以直接刺激眼底哈德氏腺和结膜下弥散淋巴组织以及口、鼻黏膜和扁桃体，产生局部或全身免疫反应，且接种剂量均匀。尤其是对一些预防呼吸道疾病的疫苗，经滴鼻、点眼免疫效果更好。

【操作方法】 疫苗稀释液一般用生理盐水、蒸馏水或者凉开水，不要随便加入抗生素或其他化学药物。稀释液的用量要准确，最好根据自己所用的滴管或针头事先滴试，确定每毫升多少滴，然后再计算疫苗稀释液的实际用量。一般每1 000羽的疫苗用70~100毫升稀释液。免疫前，首先用吸管吸取少量稀释液移入到疫苗瓶中，待疫苗完全溶解后，再倒入稀释液中混匀，即可使用。为使操作准确无误，一手一次只能抓一只鸡，不能一手同时抓几只鸡，在滴入疫苗之前，应把鸡的头颈摆成水平的位置（一侧眼鼻朝天，另一侧眼鼻朝地），并用一只手指按住向地面的一侧鼻孔。接种时，用清洁的吸管在每只鸡的一侧眼睛和鼻孔处分别滴1滴稀释的疫苗液，当滴入眼结膜和鼻孔的疫苗吸入后再放开鸡。

注意

做好已接种和未接种鸡之间的隔离，防止漏免。

【缺点】 如果鸡群数量大，需要消耗大量的劳动力和时间，也会造成一定的应激，如操作上稍有马虎，往往达不到预期的目的。

【注意事项】 稀释的疫苗要在1~2小时内用完。为减少应激，最好在晚上弱光环境下接种，也可在白天适当关闭门窗后，在稍暗的光线下接种。

(3) 喷雾免疫法 本法省工省时，简便有效，可用于大鸡群的免疫。此法用于对呼吸道有亲嗜性的疫苗（如鸡新城疫Ⅱ系、Ⅳ系弱毒疫苗、传染性支气管炎弱毒苗等）时，免疫效果更佳。

【操作方法】 免疫时将1 000羽的疫苗溶解于蒸馏水或者去离子水中，不得用自来水、开水或井水，最好再加0.1%脱脂奶粉或3%~5%甘油；用疫苗接种专用的喷雾器或用能够迅速而均匀地喷射小雾滴的雾化器，将疫苗均匀地喷向相应数量的鸡，雏鸡用雾滴的直径为30~100微米，成鸡为5~30微米；喷雾时必须严格控制疫苗的用量，使整个鸡舍的雾滴均匀分布；喷雾期间要关闭鸡舍所有门窗和通风设备，在停止喷雾后20~30分钟，才可开启门窗和启动风扇（视室温而定）。

【缺点】 喷雾易引起鸡群的应激，尤其容易激发慢性呼吸道病。

【注意事项】 为了达到最佳的免疫效果，宜将鸡群围圈在灯光幽暗的鸡舍某一部分，或在夜间进行免疫。为了避免因喷雾免疫而加重鸡由支原体病和大肠杆菌病引起的气囊炎，最好在免疫前后在饲料和饮水中加入抗菌药物，如罗红霉素、恩诺沙星等。鸡舍内的相对湿度一般要求在70%左右为宜。实施喷雾时，喷雾机喷头在鸡群上方50~80厘米处，对准鸡头来回移动喷雾，使气雾全面覆盖鸡群，以鸡群在气雾后头的背部羽毛略有潮湿感觉为宜。

（4）**刺种免疫法** 主要用于鸡痘疫苗等疫苗的免疫接种。

【操作方法】 将1 000羽的鸡痘疫苗用25毫升灭菌生理盐水稀释，混匀后用清洁的蘸笔尖或接种针蘸取疫苗稀释液，将针尖刺进鸡翅膀内侧的无血管的三角区处。一般小鸡刺1针，较大的鸡刺2针。

【注意事项】 接种后1周左右检查刺种部位，若见刺种部位的皮肤上产生绿豆大小的小疱，以后干燥结痂，说明接种成功，否则需要重新刺种。

> **提示**
>
> 做刺种免疫时，一定要确定接种针已蘸取了疫苗稀释液，使每只被接种鸡接种到足量的疫苗。

（5）**皮下注射法和肌内注射法** 这两种方法作用迅速，剂量准确，效果确实，对于小群且又需要加强免疫力的鸡，最好采用此法。皮下注射法和肌内注射法一般使用连续注射器。皮下注射法一般用于鸡马立克氏病疫苗。用该疫苗的专用稀释液200毫升稀释1 000羽的疫苗，每只鸡注射0.2毫升，注射时用食指和拇指将雏鸡的颈背部皮肤捏起呈三角形，沿着该三角的下部刺入针头注射。

【操作方法】 使用前首先调整好剂量，然后再进行注射免疫。皮下注射的部位一般选在颈部背侧，肌内注射部位一般选在胸肌或肩关节附近的肌肉丰满处；针头插入的方向和深度也应适当，在颈部皮下注射时，针头方向应向后向下，与颈部纵轴基本平行，对雏鸡的插入深度为0.5~1厘米，日龄较大的鸡可为1~2厘米，胸部肌内注射时，针头方向应与胸骨大致平行；在将疫苗液推入后，针头应慢慢拔出，以防疫苗液漏出。

【注意事项】 疫苗稀释液应经消毒而无菌的，不要随意加入抗菌药物；疫苗的稀释和注射量应适当，量太小则操作时误差较大，量太大则操作麻烦，一般以每只鸡0.2～1毫升为宜；注射器及针头用前均应消毒；在注射过程中，应边注射边摇动疫苗瓶，力求疫苗均匀；应先接种健康群，再接种假定健康群，最后接种有病的鸡群。吸取疫苗的针头和注射鸡的针头应绝对分开，尽量注意卫生，以防止因免疫注射而引起传染病的扩散或引起接种部位的局部感染。

（6）滴肛或擦肛 滴肛或擦肛免疫目前只用于强毒型传染性喉气管炎疫苗。在对发病鸡群进行紧急预防接种时，可将1 000羽的疫苗稀释于25～30毫升生理盐水中，将鸡抓起，头向下，肛门向上，用接种刷（小毛笔或棉拭子）蘸取疫苗在肛门黏膜上刷动3～4次。接种时应注意只能将疫苗稀释液擦在肛门上，不能让疫苗稀释液碰到鸡的皮肤或羽毛或落到地面上，避免造成环境污染和疾病的扩散。

（7）浸头法 此法可使鸡的眼、鼻和口腔沾入较多的疫苗，免疫效果良好。操作方法是按每只鸡0.5～1毫升（20日龄以下的鸡为0.5毫升）的剂量用生理盐水或凉开水稀释疫苗，装在茶碗或其他广口的容器中至3/4处（防止溢出）。将鸡腿、翅抓住，助手将鸡头按在装有稀释疫苗的容器中（没过眼部），浸2秒后，迅速将鸡拿出，放回鸡群，再换另外一只。此法操作速度快、效率高，熟练者每小时可接种1 000只鸡左右，且此法产生的抗体水平较一般的免疫方法略高。

三、免疫失败的原因

1. 母源抗体

母源抗体对新生雏鸡的保护十分重要，但其对雏鸡的主动免疫（疫苗接种）也有不利影响。当鸡体内有较高水平的母源抗体时，可以中和弱毒苗，影响疫苗的免疫功能，因此，在进行某种疫苗的接种前，最好先测定雏鸡的母源抗体水平，再确定免疫时间。

2. 个体因素

某些鸡本身的遗传性对某些抗原的免疫应答差，以及因营养代谢紊乱（如微量元素、维生素A、维生素E、氨基酸缺乏等）使机体的免疫功能下降。

3. 疾病的影响

当鸡群感染鸡马立克氏病毒、传染性法氏囊病病毒、鸡传染性贫血因子等免疫抑制性疾病时，会影响其他疫苗的免疫效果，从而导致免疫失败。另外，某些霉菌毒素中毒病、球虫病等对疫苗的免疫效果也有不同程度的影响。

4. 环境因素

包括鸡舍的温度、湿度、通风状况，环境卫生及消毒等。如果环境过冷、过热、湿度过大、通风不良都会使鸡出现不同程度的应激反应，导致鸡对抗原的免疫应答能力下降，接种疫苗后不能取得相应的免疫效果。

5. 病原微生物间的干扰

同时免疫两种或多种弱毒苗往往会产生干扰现象，例如，传染性支气管炎病毒对新城疫弱毒疫苗的免疫有干扰作用，应尽可能错开使用。3种以上的单苗也尽量不要在同一天接种。

6. 疫苗方面

包括种毒（菌）是否安全有效，是否有外源病原的污染，活苗储存是否得当，使用时疫苗毒的滴度及活力是否达到要求。这些因素均会对鸡群的免疫成败产生重要影响。

7. 操作方面

操作人员带毒，接种方法及免疫程序不当，使用非法苗、活菌苗与抗生素并用；用化学消毒剂消毒注射器；接种前皮肤涂擦酒精过多而致弱毒（菌）苗灭活，也都可导致免疫失败。

四、免疫接种的注意事项

1. 疫苗使用前的检查

检查内容包括：疫苗名称、生产厂家、批号、有效期、物理性状、储存条件等是否与说明书相符；疫苗的保存、运输应严格按说明书要求的温度、条件进行；对过期、无批号、物理性状及颜色异常或不明来源的疫苗，禁止使用。在接种疫苗前要确实了解当地鸡群的健康状况，如有任何一种传染病流行时，均不可进行预防接种。

2. 免疫鸡群的免疫前处理

一般在疫苗接种前后3天内，在饮水中加入抗应激类药品（如多添加30%的电解多维）。特别是产蛋期，如需接种疫苗，最好用此类药品，以减少应激，防止产蛋率下降。鸡群在断喙或转群的同时，尽量与疫苗接种相错开。

3. 疫苗接种剂量

疫苗用量不要过度贪大，否则会造成强烈应激，使免疫应答减弱，影响免疫效果。

4. 鸡群疫苗接种当天的处理

进行疫苗免疫接种当天，应禁止对鸡舍消毒，禁止投服一些抗生素类（尤其是菌苗）及抗病毒类药物（尤其是病毒苗）。鸡群一旦发病，应及时确诊，无论养鸡户或兽医技术人员都不可主观臆断，乱用疫苗。

5. 免疫时间的确定

鸡传染性法氏囊病、新城疫等的首次免疫时间视母源抗体的高低，一般在7~10日龄进行新城疫的首免，10~14日龄进行法氏囊的首免。马立克氏病必须在雏鸡出壳后24小时内进行免疫。在发病高峰季节，可适当增加免疫次数，或做好提前免疫。

6. 疫苗免疫方法的选用

一般有滴鼻、点眼、饮水、喷雾、滴口（喷喉）、颈部皮下注射、胸肌或腿肌注射、刺种、涂肛等方法。不同疫苗要选用最佳的免疫途径（即鸡感染该病的自然感染途径）。使用点眼、滴鼻免疫法时，滴后应停1~2秒后再放鸡，以确保药液被吸入。饮水免疫时，应有足够的饮水器，以保证2/3的鸡能同时饮水，且器皿应洁净。在免疫前后24小时内不要进行喷雾消毒和饮水消毒。疫苗稀释后应放在阴凉处，在2小时内用完，如对较大的鸡群接种疫苗稀释应采取随用随溶解的方法，以免稀释后的疫苗存放时间过长，影响效力。疫苗使用前必须充分摇匀。而油乳剂灭活疫苗的优劣取决于抗原的质量和浓度、油苗的乳化质量和稳定性，以及抗原是否能缓慢均匀地释放，长时间刺激鸡机体的免疫系统。如果油乳剂灭活苗有破乳、变质等现象时则不能使用。

7. 疫苗接种后的处置

疫苗接种工作结束后，应立即用清水洗手并消毒，剩余药液及疫苗瓶，应以燃烧或煮沸等方法进行消毒处理，不可随处扔放。疫苗接种后应严格控制环境卫生，因为疫苗接种后，一般需5~7天（油苗需10~15天）才能产生抗体，如在此期间，环境不清洁，可能造成鸡群在尚未完全产生免疫力之前感染强毒，导致免疫失败。

五、免疫程序的制订

免疫程序是指在鸡的生产周期中,一个养鸡场或一个鸡群,根据鸡场或鸡群的实际情况与可能发生的疾病,制订免疫接种的次数、间隔时间、疫苗种类、用量、用法等。

1. 确定免疫程序的依据

1)根据鸡场的发病史及鸡场所在区域发生的主要鸡疫病,确定疫苗的免疫种类和免疫时间。对鸡场所在地从未发生过的鸡疫病切勿盲目接种疫苗。

2)把握好接种日龄与鸡易感性的关系。着重处理好日龄及体内抗体水平(包括母源抗体)的关系。

3)免疫方法不同将获得不同的免疫效果,如新城疫以滴鼻、点眼效果优于饮水免疫。有些疫苗应根据亲嗜部位不同采取特定的免疫程序,如法氏囊病毒亲嗜肠道,最佳的免疫方法是饮水和滴口免疫;鸡痘亲嗜表皮细胞,必须采用刺种免疫。即每种疫病的免疫途径最好采用该病的自然感染途径。

4)科学地安排不同疫苗接种时间,以防疫苗之间的干扰。

5)正确选择疫苗剂型和正规生产厂家。

6)确定疫苗剂量和稀释量。

7)同种疫苗本着疫苗毒株先弱后强的顺序,活苗与死苗的应用应合理搭配。

8)配套的全价饲料、饲养管理以及隔离、卫生消毒措施应到位和进一步完善。

2. 蛋种鸡的建议免疫程序(表5-2)

表5-2 蛋种鸡的建议免疫程序

免疫日龄	免疫用疫苗	免疫接种方法	免疫剂量
1	马立克氏病液氮苗或冻干苗	颈部皮下注射	1~2羽份
3	VH-H120-28/86三联弱毒疫苗或传染性支气管H120或Ma5	滴鼻点眼	1~1.5羽份
7~9	新城疫Ⅳ系冻干苗 新城疫-禽流感多价油乳剂灭活疫苗	滴鼻点眼 颈部皮下注射	1~1.5羽份 0.3毫升

(续)

免疫日龄	免疫用疫苗	免疫接种方法	免疫剂量
12~14	法氏囊三价苗或进口法氏囊苗	饮水或滴口	1~2羽份
17~22	① VH-H120-28/86 三联弱毒疫苗或 ND-H120 二联苗	滴鼻点眼	1~1.5羽份
	② 新肾二联油苗或新城疫-肾传染性支气管炎-腺胃传染性支气管炎-气管堵塞传染性支气管炎多联油苗	颈部皮下注射	0.3毫升
28	法氏囊中毒苗	饮水	1~2羽份
30~35	鸡痘疫苗	翅膜刺种	1羽份
42	传染性喉气管炎苗（疫区用）	点眼或涂肛	1羽份
45~50	新城疫-禽流感多价油乳剂灭活疫苗	颈部皮下注射	0.5毫升
50~60	VH-H120 二联苗 传染性喉气管炎苗（非疫区用）	滴鼻点眼 点眼或涂肛	2羽份 1羽份
80	传染性喉气管炎苗（疫区用）	点眼或涂肛	1羽份
90	传染性脑脊髓炎苗（疫区用）	饮水或滴口	1羽份
90~100	鸡痘疫苗 传染性脑脊髓炎苗（疫区用）	翅膜刺种 饮水或滴口	1羽份 1羽份
120	新支减流（ND+EDS+IB+AI）四联苗或新支减（ND+EDS+IB）多价三联苗	颈部皮下注射	1毫升
130	慢呼、鼻炎二联油苗	颈部皮下注射	1毫升
140	法氏囊油苗	胸部肌内注射	0.5毫升
220~240	新流（ND+AI）二联苗	颈部皮下注射	0.5毫升
320~340	复合新城疫油苗 法氏囊油苗	颈部皮下注射 颈部皮下注射	0.5毫升 0.5毫升

注：其他如慢性呼吸道病、传染性鼻炎、禽霍乱及葡萄球菌病等视疫情而定。不同地区选用不同的免疫程序。①和②最好同时使用。

3. 商品蛋鸡的建议免疫程序（表5-3）

表5-3 商品蛋鸡的建议免疫程序

免疫日龄	免疫用疫苗	免疫接种方法	免疫剂量
1	马立克氏病液氮苗或冻干苗	颈部皮下注射	1～2羽份
3	传染性支气管H120或Ma5	滴鼻点眼	1～1.5羽份
7～9	新城疫Ⅳ系冻干苗 新城疫-禽流感多价油乳剂灭活疫苗	滴鼻点眼 颈部皮下注射	1～1.5羽份 0.3毫升
15	法氏囊三价苗或进口法氏囊苗	饮水或滴口	1～2羽份
17～21	① VH-H120-28/86 三联弱毒疫苗或ND-H120二联苗 ② 新肾二联油苗或新城疫-肾传染性支气管炎-腺胃传染性支气管炎-气管堵塞传染性支气管炎多联油苗	滴鼻点眼 颈部皮下注射	1～1.5羽份 0.5毫升
24	传染性法氏囊苗D78苗	饮水	1～2羽份
30	鸡痘疫苗	翅膜刺种	1羽份
42	传染性喉气管炎苗（疫区用）	点眼或涂肛	1羽份
50～60	VH-H120 二联苗 同时免疫新城疫-禽流感多价油乳剂灭活疫苗 传染性喉气管炎苗（非疫区用）	滴鼻点眼 颈部皮下注射 点眼或涂肛	2羽份 0.5毫升 1羽份
70～80	大肠杆菌油苗	颈部皮下注射	0.5毫升
90	鸡痘疫苗 传染性脑脊髓炎苗（疫区用）	翅膜刺种 饮水或滴口	1羽份 1羽份
120	新支减流（ND＋EDS＋IB＋AI）四联苗或新支减（ND＋EDS＋IB）多价三联苗	颈部皮下注射	1毫升
220～240	新流（ND＋AI）二联苗	颈部皮下注射	0.5毫升
320～340	复合新城疫油苗 法氏囊油苗	颈部皮下注射 颈部皮下注射	0.5毫升 0.5毫升

注：其他如慢性呼吸道病、传染性鼻炎、禽霍乱及葡萄球菌病等视疫情而定。①和②最好同时使用。

4. 肉种鸡的建议免疫程序（表 5-4）

表 5-4　肉种鸡的建议免疫程序

免 疫 日 龄	免疫用疫苗	免疫接种方法	免 疫 剂 量
1	鸡马立克氏病疫苗	颈部皮下注射	1～2 羽份
5	病毒性关节炎弱毒苗	颈部皮下注射	1 羽份
7	肾型传染性支气管炎 Ma5 或湿苗	饮水	1～1.5 羽份
10～20	① 新城疫 LaSota 系或 Clone30 + 传染性支气管炎 H120 二联苗或 VH-H120-28/86 三联苗	滴鼻点眼	1～1.5 羽份
	② 新支流三联油苗或新城疫二价-肾传染性支气管炎二联油苗或新城疫二价-肾传染性支气管炎-腺胃传染性支气管炎-气管堵塞传染性支气管炎多联油苗	颈部皮下注射	0.5 毫升
15	法氏囊弱毒苗或进口法氏囊苗	饮水或滴口	1 羽份
25～28	法氏囊中等毒力苗	饮水或滴口点眼	1.5 羽份
30～35	鸡痘疫苗 大肠杆菌油苗	翅膜刺种 颈部皮下注射	1 羽份 0.5 毫升
40	传染性喉气管炎苗（疫区用）	点眼或涂肛	1 羽份
45	新城疫-禽流感多价油乳剂灭活疫苗 传染性鼻炎灭活菌	颈部皮下注射 肌内注射	0.5 毫升 0.5 毫升
60	VH-H120 二联苗 传染性喉气管炎苗（非疫区用） 新支三联苗	滴鼻点眼 点眼或涂肛 饮水	2 羽份 1 羽份 1 羽份
75	传染性喉气管炎苗（疫区用）	点眼或涂肛	1 羽份
80	传染性鼻炎灭活菌	肌内注射	0.5 毫升
90	鸡痘疫苗 传染性脑脊髓炎苗（疫区用）	翅膜刺种 饮水或滴口	1 羽份 1 羽份
100	传染性喉气管炎苗（非疫区用）	点眼或涂肛	1 羽份
115	病毒性关节炎弱毒苗	颈部皮下注射	1 羽份

(续)

免疫日龄	免疫用疫苗	免疫接种方法	免疫剂量
120	新支减流（ND＋EDS＋IB＋AI）四联苗或新支减（ND＋EDS＋IB）多价三联苗	颈部皮下注射	1毫升
145	法氏囊油苗	颈部皮下注射	0.5毫升
220～240	新流（ND＋AI）二联苗	颈部皮下注射	0.5毫升
320～340	新城疫-法氏囊二联苗或法氏囊油苗	颈部皮下注射	0.5毫升

注：其他如慢性呼吸道病、传染性鼻炎、禽霍乱及葡萄球菌病等视疫情而定。①和②最好同时使用。

5. 商品肉鸡的建议免疫程序（表5-5）

表5-5　商品肉鸡的建议免疫程序

免疫日龄	免疫用疫苗	免疫接种方法	免疫剂量
5～7	新城疫Ⅳ系＋传染性支气管炎 Ma5 活疫苗 新城疫-禽流感二价油剂灭活苗	滴鼻点眼 颈部皮下注射	1.5羽份 0.3毫升
14	传染性法氏囊病活疫苗（D78）	饮水	1羽份
19～21	新城疫Ⅳ系＋H52活疫苗	喷雾或饮水	1～1.5羽份
24～26	传染性法氏囊病活疫苗（法倍灵）	饮水	1～1.5羽份

注：其他如葡萄球菌病等视疫情而定。

六、传染病的一般治疗方法

（1）**特异疗法**　应用高免血清（或卵黄抗体）、噬菌体等特异性的生物制剂所进行的治疗。

（2）**抗生素疗法**　须按传染病的性质选择使用，如革兰氏阳性细菌引起的葡萄球菌病等，可用青霉素、阿莫西林等；革兰氏阴性细菌引起的大肠杆菌病、沙门氏菌病等，可用喹诺酮类和氟苯尼考等治疗。但应正确使用，开始剂量宜大，以便消灭病原体，以后可按病情酌减用量。疗程则根据传染病的种类和病鸡的具体情况而定。

（3）**化学疗法**　是用化学药物消灭动物病原体的治疗方法。常用的有抗菌范围很广的磺胺类药物、抗菌增效剂等；治疗结核病的异烟肼

（雷米封）等。

（4）对症疗法 按临床症状选择用药的疗法，是以减缓或消除某些严重症状，调节和恢复机体的生理机能而进行的一种疗法。如咳嗽时可用氯化铵祛痰止咳等。

（5）护理疗法 对病鸡应改善饲养管理，做好通风、保温、消毒等工作。

（6）中草药疗法 如用白头翁酊治疗鸡白痢等。

第二节 鸡寄生虫病的防治

一、寄生虫病的流行规律

鸡寄生虫的传播与流行和传染病一样必须具备传染源、传播途径和易感动物3个方面的条件，同时还受到自然因素等因素的影响和制约。

（1）寄生虫的生活史 在鸡体内寄生的各种寄生虫，常常是通过鸡的血液、粪、尿及其他分泌物、排泄物，将寄生虫生活史的某一个阶段（如虫体、虫卵或幼虫）带到外界环境中，再经过一定的途径侵入到另一个宿主体内寄生，并不断地循环下去。

（2）寄生虫发生和流行条件 包括传染源（病鸡、带虫者、保虫宿主、延续宿主等）、易感动物以及相应的外界环境条件（温度、湿度、光线、土壤、植被、饲料、饮水、卫生条件、饲养管理，宿主的体质、年龄，中间宿主、保虫宿主存在等）。

（3）寄生虫病的感染途径 包括经口感染、经皮肤感染、接触感染（如羽螨虱）、卵内感染等。

二、寄生虫病的诊断要点

（1）观察临床症状 鸡患寄生虫病，一般表现出消瘦、贫血、黄疸、水肿、营养不良、发育受阻和消化障碍等慢性、消耗性疾病的症状，可作为发现寄生虫病的参考。

（2）调查流行因素 调查寄生虫病的流行因素，了解发病情况，弄清寄生虫病的传播和流行动态，为确立诊断提供依据。

（3）尸体剖检 对患病鸡进行死后剖检，观察其病理变化，寻找成虫、幼虫等病原体。

（4）粪便检验 取患病鸡的粪便或剖检后的肠道内容物，镜检寻找虫卵等。

三、寄生虫病的防治要点

1. 鸡体定期驱虫

应用驱虫药或其他方法将鸡体内或体表的寄生虫驱除或杀灭，是养鸡场在生产实践中常用的有效方法。根据不同的要求，又可分为治疗性驱虫和预防性驱虫。前者指鸡已经发生寄生虫病并在确诊的基础上进行，这种驱虫随时都能进行，目的是杀灭虫体，治愈病鸡；后者又称计划性驱虫，目的是保护鸡不受或少受寄生虫的侵害。鸡体内的寄生虫包括绦虫、吸虫、线虫等在内的寄生蠕虫，球虫、组织滴虫和住白细胞虫等在内的寄生原虫。不同种类的寄生虫应选用相应的高效低毒的驱虫药。如鸡感染赖利绦虫或鸡感染东方次睾吸虫，常选用丙硫苯咪唑和吡喹酮。

> **提示**
> 鸡群驱虫宜早不宜迟，要在鸡出现症状前驱虫。

对于寄生蠕虫，在正常情况下，放养的草鸡群宜2个月驱1次虫。还有一些寄生虫病具有明显的季节性，这与寄生虫从发育到感染期所需的气候条件、中间宿主或传播媒介的活动有关。因此，各类寄生虫的驱虫时间应根据其传播规律和流行季节来确定，通常在发病季节前对鸡群进行预防性驱虫。如鸡的球虫病，其发病季节与气温、湿度密切相关，流行季节为4~10月，其中以5~9月发病率最高，在这期间饲养雏鸡尤其要注意对球虫病的预防。鸡体表的寄生虫寄生在鸡的皮肤和羽毛上，包括永久性寄生的羽虱、羽螨和膝螨等以及暂时性寄生的蚊、蝇、蜱、蠓、蚋等。驱杀鸡体外寄生虫，常用胺菊酯、溴氢菊酯、苄呋菊酯或敌百虫溶液等驱虫剂对鸡群体表进行喷雾或药浴。这对于永久性寄生的羽螨、羽虱或膝螨杀灭效果好。而对暂时性寄生的蚊、蝇、蜱、蠓、蚋等，由于它们白天栖息在鸡舍或鸡棚的角落里以及鸡舍或鸡棚外面的草丛中，因此，除了用驱虫剂对鸡体表喷雾，还应对鸡舍或鸡棚的周围环境进行喷雾驱杀。同时，杀灭外寄生虫还可以预防其他一些寄生虫病的发生，如在夏秋季节杀灭了库蠓就能够有效地预防鸡住白细胞虫病。

> **注意**
> 在配制驱虫药时，应注意药物的浓度，以避免发生鸡中毒。

2. 杀灭外界环境的寄生虫

由于大多数寄生虫的虫卵、幼虫、节片、卵囊随粪便排出体外，一旦散布出去，会污染场地、环境、水源、饲料等，就成为危险的传染源。所以，做好粪便管理就能消灭外界环境中的大量病原体。驱虫的鸡应集中管理，驱虫使用的场地、鸡舍、饲具等应彻底消毒。驱虫后的粪便集中进行无害化处理，一般采用将粪便堆积发酵、坑沤发酵，利用生物热杀死寄生虫卵、卵囊和幼虫，以防止粪便中的病原体污染环境感染新的鸡群，或引起原鸡群重复再感染。此外，目前推广的沼气发酵也是杀灭病原体的有效方法之一。

3. 阻断传播途径

消灭中间宿主，有些寄生虫如绦虫、线虫、吸虫等寄生蠕虫的传播，需要中间宿主的参与，鸡绦虫、组织滴虫的发育必须经过蚂蚁或甲壳虫等昆虫体内才能完成，当鸡啄食这些昆虫后即可感染发病。因此，消灭中间宿主也是预防某些寄生虫病的必不可少的措施之一。有些寄生虫的中间宿主和媒介是较难控制的，可以利用它们的习性，设法回避或加以控制。应尽可能改善环境卫生，创造不利于各种寄生虫中间宿主（蚂蚁、甲虫、蚯蚓、蜗牛等）隐匿和滋生的条件。

4. 提高鸡自身抵抗力

这是必不可少的措施，如给予全价饲料，使鸡获得必需的氨基酸、维生素和矿物质；改善管理，减少应激因素，使鸡能获得利于机体健康的环境；对于雏鸡还应给以特殊的照顾。

5. 免疫预防

寄生虫病的免疫预防尚不普遍。原虫病中，鸡球虫病有强毒苗和致弱苗。应用免疫预防可以减少化学物质对鸡肉、鸡蛋和环境的污染，但已有的虫苗尚不够完善，可能还有潜在的致病风险，故应在临床兽医技术人员的监督下使用。

第三节　鸡营养代谢病的防治

一、营养代谢病发生原因及其临床特点

营养物质供应不足或过多，或神经、激素及酶等对物质代谢的调节发生异常，均可导致营养代谢疾病。营养代谢病是营养缺乏病和新陈代谢障碍病的统称。

1. 营养代谢病发生原因

(1) 营养物质摄入不足或过剩　饲料的短缺、单一、质地不良，饲养不当等均可造成营养物质缺乏。为提高鸡的生产性能，盲目采用高营养饲喂，常导致营养过剩，如日粮中嘌呤类蛋白饲料过多，常引发鸡的痛风；高钙日粮，会造成锌相对缺乏等。

(2) 营养物质需要量增加　产蛋及生长发育旺期，对各种营养物质的需要量增加；慢性寄生虫病、鸡马立克氏病、鸡结核病等慢性疾病对营养物质的消耗增多。

(3) 营养物质吸收不良　见于两种情况，一是消化吸收障碍，如慢性胃肠疾病、肝脏疾病及胰腺疾病；二是饲料中存在干扰营养物质吸收的因素，如磷、植酸过多降低钙的吸收等。

(4) 参与代谢的酶缺乏　一类是获得性缺乏，见于重金属中毒、有机磷农药中毒；另一类是先天性酶缺乏，见于遗传性代谢病。

(5) 内分泌机能异常　如锌缺乏时血浆胰岛素和生长激素含量下降等。

2. 营养代谢病的临床特点

(1) 群体发病　在集约饲养条件下，特别是饲养失误或管理不当造成的营养代谢病，常呈群发性，同舍或不同鸡舍的鸡同时或相继发病，表现相同或相似的临床症状。

(2) 起病缓慢　营养代谢病的发生一般要经历化学紊乱、病理学改变及临床异常3个阶段。从病因作用至呈现临床症状常需数周、数月乃至更长时间。

(3) 常以营养不良和生产性能低下为主症　营养代谢病常影响动物的生长、发育、成熟等生理过程，而表现为生长停滞、发育不良、消瘦、贫血、异嗜癖、体温低下等营养不良症候群，产蛋率、产肉量减少等。

(4) 多种营养物质同时缺乏　在慢性消化不良、慢性消耗性疾病等营养性衰竭症中，缺乏的不仅是蛋白质，其他营养物质如铁、维生素等也显不足。

(5) 地方流行　由于地球化学方面的原因，土壤中有些矿物元素的分布很不均衡。我国缺硒地区分布在北纬21°～53°和东经97°～130°之间，呈一条由东北走向西南的狭长地带，包括16个省、市、自治区，约占国土面积的1/3。我国北方省份大都处在低锌地区，以华北面积为最大，在这些地区应注意鸡的硒缺乏症和锌缺乏症。

二、营养代谢病的诊断要点

鸡的营养代谢病有示病症状的很少，亚临床病例较多，常与传染病、寄生虫病并发，一般为其所掩盖。因此，营养代谢病的诊断应依据流行病学调查、临床检查、治疗性诊断、病理学检查以及实验室检查等各方面，综合确定。

（1）流行病学调查 着重调查疾病的发生情况，如发病季节、病死率、主要临床表现及既往病史等；饲养管理方式，如日粮配合及组成、饲料的种类及质量、饲料添加剂的种类及数量、饲养方法及程序等；环境状况，如土壤类型、水源资料及有无环境污染等。

（2）临床检查 应全面系统地搜集患病鸡的异常表现，参照流行病学资料，进行综合分析。根据临床表现有时可大致推测营养代谢病的可能病因，如鸡不明原因的跛行、骨骼变形就可能是钙、磷代谢障碍的结果。

（3）治疗性诊断 为验证依据流行病学和临床检查结果建立的初步诊断或疑问诊断，可进行治疗性诊断，即补充某一种或几种可能缺乏的营养物质，观察其对疾病的治疗作用和预防效果。

（4）病理学检查 有些营养代谢病可呈现特征性的病理学改变，如鸡关节型痛风时关节腔内有尿酸盐沉积，维生素 A 缺乏时鸡的上部消化道和呼吸道黏膜会出现角化不全。

（5）实验室检查 主要测定患病个体及发病鸡群的血液、羽毛及组织器官等样品中某种（些）营养物质及相关酶、代谢产物的含量，作为早期诊断和确诊的依据。

（6）饲料分析 饲料中营养成分的分析结果，可作为营养代谢病，特别是营养缺乏病病因学诊断的直接证据。

三、营养代谢病的防治要点

营养代谢病的防治要点在于加强饲养管理，合理调配日粮，保证全价饲养；开展营养代谢病的监测，定期对鸡群进行抽样调查，了解各种营养物质代谢的变动，正确估价或预测鸡的营养需要，及早发现病鸡；实施综合防治措施，如地区性矿物元素缺乏，可采用改良植被、土壤施肥、植物喷洒、饲料调换等方法，提高饲料中相关元素的含量。

第四节 鸡中毒病的防治

一、中毒病的发生原因及其临床特点

中毒病常呈现群体发病，其危害往往给养殖户造成严重的经济损失。

1. 中毒病的发生原因

（1）**饲料的保存与调制方法不当**　①对饲料或饲料原料保管不当，导致其发霉变质而引起中毒。如鸡黄曲霉毒素中毒、呕吐毒素中毒等。②利用含有一定毒性成分的农副产品饲喂鸡，由于未经脱毒处理或饲喂量过大而引起中毒，如菜籽饼、棉籽饼中毒、二噁英中毒等。③微量添加物的搅拌不匀。

（2）**管理不当**　鸡舍内由于管理不当往往会引起消毒剂或有害气体的中毒，如一氧化碳中毒、氨气中毒、甲醛中毒、生石灰中毒。

（3）**药物使用不当**　①由于治疗药物使用剂量过大，或使用时间过长而引起中毒，如磺胺类药物中毒、聚醚类抗球虫药中毒等。②由于药物的配伍反应引起，如治疗药物泰妙菌素往往和饲料中的甲基盐霉素发生配伍反应而引起中毒。③由于技术人员的一时疏忽或计算错误等造成的药物过量添加。

（4）**农药、化肥与杀鼠药污染环境**　鸡常因采食被其污染的饲料、饮水，或误食毒饵（如磷化锌、氟乙酰胺等）而发生中毒。此外，有些农药，在兽医临床上还用来防治畜禽寄生虫病，若剂量过大，或药浴时浓度过高，也可引起中毒。

（5）**工业污染**　随工厂排放的"三废"中的有毒物质未经有效的处理，污染周围大气、土壤及饮水而引起的中毒。

（6）**地质化学的原因**　由于某些地区的土壤中含有害元素，或某种正常元素的含量过高，使饮水或饲料中含量也增高而引起的中毒，如鸡的氟中毒等。

2. 中毒病的临床特点

（1）**群体发病**　同群或不同群的鸡在发生中毒时，表现出同时或相继发病，且出现相似的临床症状。

（2）**起病有急、慢之分**　由于毒物进入机体的量和速度不同，中毒的发生有急性与慢性之分。毒物短时间内大量进入机体后突然发病者，为急性中毒；毒物长期小量地进入机体，则有可能引起慢性中毒。

(3) 地方流行 由于地质化学的原因，某些地区的土壤中含有害元素，或富含某种正常的元素，使饮水、饲料中含量增高而引起的中毒，这类中毒往往具有地区性。

二、中毒病的诊断要点

正确的论断有赖于通过中毒情况的调查、临床症状、病理变化等方面为其提供方向与范围，故中毒的诊断应按一定的程序进行。

（1）调查中毒情况 了解发病的时间，病鸡的数量，临床症状，已采取的防治措施及其效果，死亡情况及尸体剖检所见病变。在鸡群中发生中毒时，往往表现以下特点。

① 疾病的发生与鸡采食的某种饲料、饮水、空气或接触某种毒物有关。

② 患病鸡的主要临床症状一致，因此在观察时要特别注意中毒鸡的特征性症状，以便为毒物检验提示方向。

③ 在急性中毒时，鸡在发病之前食欲良好，鸡群中食欲旺盛的由于摄毒量大，往往发病早、症状重、死亡快，出现同槽或相邻饲喂的鸡相继发病的现象。

④ 从流行病学看，虽然可以通过中毒试验而复制，但无传染性，缺乏传染病的流行规律。且大多数毒物中毒时鸡体温不高或偏低。

⑤ 急性中毒死亡的鸡在被剖检时，胃内充满尚未消化的食物，说明死前不久食欲良好。死于机能性毒物中毒的鸡，实质脏器往往缺乏肉眼可见的病变。死于慢性中毒的病例，可见肝脏、肾脏或神经出现变性或坏死。

（2）了解毒物的可能来源

① 对舍饲的鸡要查清饲料的种类、来源、保管与调制的方法；近期饲养方式或制度上的变化，不同的饲料饲养鸡的发病情况；观察饲料有无发霉变质等。

② 对放养的鸡要了解发病前鸡可能活动的范围。

③ 了解最近鸡有无食入被农药或杀鼠药污染的饲料、饮水或毒饵的可能，最近是否进行过驱虫或药浴，使用的药品剂量及浓度如何。

④ 注意鸡采食的饲料或饮水有无被附近工矿企业"三废"污染的可能。

⑤ 鸡舍的加热和通风系统是否出现泄漏。

⑥ 若怀疑人为投毒，必须了解可疑作案人的职业及可能得到的毒物。

（3）毒物检验 毒物检验是诊断中毒很重要的手段，可为中毒病的确诊与防治提供科学依据。

（4）防治试验 在缺乏毒物检验条件或一时得不出检验结果的情况下，可采取停喂可疑饲料或饮水，加强鸡舍内的通风和换气，观察发病是否停止。同时根据可能引起中毒的毒物分别运用特效解毒剂进行治疗，根据疗效来判断毒物的种类。此法具有现实意义。

（5）动物试验 给健康动物投喂可疑物质，观察其有无毒性，一般多采用大鼠或小鼠作为试验动物。也可选择少数日龄、体重、健康状况相近的同种鸡，投给病鸡吃剩的饲料、饮水等，观察是否中毒。在进行这种试验时，应尽量创造与病鸡相同的饲养条件，并要充分估计个体的差异性。

三、中毒病的防治要点

1. 中毒病的预防

预防鸡的中毒有双重意义，既可防止有毒或有害物质引起鸡中毒或降低其生产性能，又可防止鸡产品中的毒物残留量对人的健康造成危害。因此，必须采取有效措施预防中毒。

（1）禁喂含毒和腐败霉变饲料 如棉籽饼虽富含蛋白质，但未经蒸煮的棉籽饼含游离的棉酚，毒性很强，当含量高于 0.02%，就具有毒害作用。若给鸡饲喂时间过长或过量，就会引起中毒。含有黄曲霉毒素的饲料，若给鸡长期饲喂，可以引起胆管增生、肝硬化，以致引发肝癌。因此，预防鸡群中毒，必须要禁止饲喂霉变的饲料以及采食各种含有毒物的饲料。

（2）防止化学毒物对鸡群的危害 化学毒物包括未经处理或处理不当的工业生产中的"三废"和农业生产中使用的化肥农药，这些化学毒物造成了空气、水源、饲料和土壤等环境的污染。如用污染的工业废水灌溉农田，也能对鸡群产生间接危害，如用电镀、塑料、油漆、电池及磷肥工业生产中排放的含镉废水灌溉农田，可使镉进入农作物籽粒部分，若作为饲料喂鸡可使镉在鸡体内蓄积，产生慢性中毒，造成贫血、生长发育受阻、产蛋率和受精率下降。同样鸡群若误食喷洒农药的蔬菜或误食为防治病虫害而搅拌农药（呋喃丹）的谷物都会引起中毒，甚至死亡。

（3）**禁止在水塘、河沟等处乱扔病鸡的尸体**　死亡的鸡尸体如果处理不当，随意在水塘、河沟及其周围乱扔，不仅会造成鸡疫病的传播，而且还会对环境和水源造成污染。

2. 中毒病的救治

（1）**切断毒源**　必须立即停喂可能有毒的饲料或饮水，使鸡搬移含有毒气体的鸡舍。

（2）**阻止或延缓机体对毒物的吸收**　对经消化道接触毒物的病鸡，可根据毒物的性质投服吸附剂、黏浆剂或沉淀剂。

（3）**排出毒物**　可根据情况选用下述方法。①泻下；②切开嗉囊冲洗等。

（4）**解毒**　使用特效解毒剂，如鸡有机磷农药中毒，对于出现症状的鸡，应立即使用胆碱酯酶复活剂——解磷定或氯磷定，鸡每只肌内注射 0.2～0.5 毫升，并同时应用阿托品，鸡每只皮下肌内注射 0.1～0.25 毫克。而氟乙酰胺农药中毒，可用解氟灵按每千克体重 0.1 克肌内注射，中毒严重的病例还要使用氯丙嗪。

（5）**对症治疗**　中毒的鸡群用葡萄糖溶液饮服，以增强肝脏的解毒功能。此外还应调整鸡体内电解质和体液、增强心脏机能、维持体温。

第五节　鸡场药物的合理使用

一、鸡的用药特点

鸡的生理特点与其他动物不同。因此，要尽量避免套用家畜甚至人类的临床用药经验，而应根据鸡的生理特点选用药物。

（1）**鸡的生理特点**

① 鸡没有牙齿，舌黏膜的味觉乳头较少，所以鸡对苦味药照食不误，故当鸡消化不良时，苦味健胃药不起作用，所以不宜使用苦味健胃药，而应当选用大蒜、醋酸等助消化的药物。

② 鸡一般无逆呕动作，所以当鸡服药过多或其他毒物中毒时，不能采用催吐药物，而应采用嗉囊切开术排出毒物。

③ 鸡对咸味无鉴别能力，但喜爱挑食盐颗粒，易引起食盐中毒。

④ 鸡的呼吸系统中，具有其他动物所没有的气囊，它能增加肺通气量，在吸气、呼气时增强肺的气体交换。同时，鸡的肺不像哺乳动

物的肺那样扩张和收缩，而是气体经过肺运行，并循肺内管道进出气囊。鸡呼吸系统的这种结构特点，可增大药物的扩散面积，从而增加药物的吸收量，故喷雾法是适用于鸡的有效给药途径之一。

⑤ 鸡的消化道呈酸性，而呋喃类药物在酸性消化道内效力和毒力同时增强，故对鸡使用呋喃类药物时要严格控制用量。

⑥ 鸡的胆汁呈酸性，与胃内酸性内容物一起中和了碱性的胰液和肠液，使肠内 pH 保持在 6 左右。

⑦ 鸡的蛋白质代谢产物为尿酸，故尿液的 pH 与家畜也有明显的区别，一般 pH 为 5.3，在使用磺胺类药物时，应考虑鸡尿液的 pH，如在治疗鸡肾型传染性支气管炎、传染性法氏囊病时应尽量避免使用损害肾脏的磺胺类和呋喃类药物，以防尿酸盐在肾脏沉积或导致肾衰竭。

⑧ 鸡无汗腺，又有丰富的羽毛，对高热十分敏感，在夏季，宜使用抗热应激药物。

此外，鸡的生长期短，肉鸡只有 40~50 天，当给鸡群用药时，应注意药物的残留，为此，应严格遵守药物的休药期规定。

（2）鸡对药物的敏感性　鸡对某些药物有很高的敏感性，应用时必须慎重。如雏鸡对磺胺类药物特别敏感，以 0.5% 混饲 7 天，就会引起雏鸡脾脏贫血、坏死。

二、鸡场常用药物

1. 药物的作用

药物的作用具有两重性，对鸡病既有抗病作用，同时又可能对机体产生有害或与治疗目的无关的副作用。

2. 鸡场常用药物的种类

鸡场常用药物包括抗生素类、磺胺类药物、抗菌增效剂、其他抗菌药、抗病毒药、抗寄生虫药 6 大类。

（1）抗生素类　鸡场常用的抗生素类药物有：青霉素类、头孢菌素类、氨基苷类、喹诺酮类、四环素类、氯霉素类、大环内酯类、磺胺类、硝基呋喃类、喹噁啉类、多肽类、林可霉素类及其他类抗生素（表 5-6）。

（2）磺胺类药物　磺胺脒、磺胺二（六）甲嘧啶、磺胺嘧啶、磺胺甲基异噁唑、磺胺间甲氧嘧啶等。

（3）抗菌增效剂　主要有甲氧苄氨嘧啶和二甲氧苄氨嘧啶。

表 5-6　常见的抗生素类药物

分　类	药　物　名　称
青霉素类	青霉素 G 钠或钾、青霉素、阿莫西林
头孢菌素类	先锋霉素、头孢噻呋
氨基甙类	庆大霉素、新霉素、硫酸链霉素、硫酸阿米卡星、单硫酸卡那霉素
大环内酯类	罗红霉素、硫氢酸红霉素、螺旋霉素、泰乐菌素、酒石酸吉他霉素、竹桃霉素
喹诺酮类	诺氟沙星、恩诺沙星、环丙沙星、氧氟沙星、左旋氧氟沙星、培氟沙星、二氟沙星等
四环素类	四环素、土霉素、金霉素、多西环素等
氯霉素类	氟苯尼考、氟甲砜霉素等
多肽类	杆菌肽、多黏菌素
林可霉素类	盐酸林可霉素、新生霉素
喹噁啉类	卡巴氧

（4）**其他类抗菌药**　克霉唑、制霉菌素、两性菌素 B。

（5）**抗病毒药**　利巴韦林、吗啉胍、抗病毒颗粒等。

（6）**抗寄生虫药**　抗寄生虫药是指能够驱除或杀灭鸡体内外寄生虫的药物。鸡场用的抗寄生虫药有抗球虫药、抗蠕虫药和杀虫药 3 类。

① 抗球虫药：地克珠利、三字球虫粉、马杜拉霉素、克球粉、盐霉素、氨丙啉、莫能菌素、氯胍、常山酮等。

② 抗其他原虫药：甲硝唑、二甲硝咪唑等。

③ 抗蠕虫药：左旋咪唑、丙硫苯咪唑、阿维菌素、枸橼酸哌嗪、氟硝柳胺等。

④ 杀虫药：双甲脒、溴氰菊酯、蝇毒磷等。此外，目前市场上供应一种英国生产的"扑灭粉"可杀灭饲料中的害虫及蚊、蝇、蚁、螨、虱等，对人禽安全。

以上药物的使用剂量详见第五章鸡场常见疾病的防治部分。

三、鸡给药的方法和技术

鸡场给药方法分以下 3 类。

1. 群体给药法

(1) 饮水给药法 是目前鸡场常用的方法之一,即将药物溶于饮水中,给鸡饮用。适用于短期投药、紧急治疗投药和病鸡已不吃料、仍能饮水等情况。所用药物必须溶于水,且溶解度高;饮水要求清洁、不含杂质;饮水给药时应尽量在短时间内(一般要求在30分钟内)饮完,以免药物效果下降。

> **注意**
>
> 药物的浓度,应严格按药物使用浓度要求配制,避免浓度过高或过低。

(2) 拌料给药法 也是目前鸡场常用的给药方法之一,适用于不溶于水的药物或加入饮水中使适口性变差或影响药效的药物以及需要长期连续投服的药物。临床上通常将抗球虫药、促生长药及控制某些传染病的抗菌药物混于饲料中给药。

> **注意**
>
> 病鸡不吃料或采食很少的情况下,不宜使用拌料法给药;注意准确计算所需要的药量和饲料用量,以免浓度小时不起作用和浓度大时引起药物中毒;对于毒性大、药物安全性低的药物,一般采用逐级混合法,即先把全部用药混合在少量饲料中,充分拌匀,再把这部分饲料混合于一定量的饲料中,再充分搅拌均匀,最后再和所需的全部饲料拌匀即可;应注意所用药物与饲料添加剂的关系,如长期应用磺胺类药物时应注意补充维生素B和维生素K,应用氨丙啉时应减少维生素B的用量。

(3) 气雾、药浴、喷洒、熏蒸给药法 此法主要用于杀灭体外寄生虫或体外微生物,也可用于带鸡消毒。使用时应选择对鸡的呼吸道无刺激性且又能够溶解于鸡呼吸道分泌物中的药物,喷雾的雾滴大小要适当,大小应为50~100毫米;将药液喷洒到鸡体、栖架上时应均匀;药物剂量也应选择适合的浓度,避免药物对鸡和工作人员产生一定的毒性。

> **注意**
>
> 用熏蒸法杀灭体外微生物时,要注意熏蒸时间,用药后要及时通风。

2. 个体给药法

(1) 口服法 将药物的片剂或胶囊直接投入鸡的食道上端，或用带有软塑料管（或橡皮管）的注射器把药物经口注入鸡的嗉囊内。这种方法通常适用于驱除体内寄生虫或者对隔离病鸡的个体治疗。也适合于弱雏用此法经口注入微量元素、维生素及葡萄糖混合剂，此法虽然费时费力，但药物剂量准确，如投药及时，均有良好的疗效。

(2) 肌肉或皮下注射法 肌内注射部位多选择胸肌和腿部外侧肌肉。肌内注射的优点是吸收速度快，药效迅速，可以提高一些全身性急性传染病的疗效。如为刺激性的药物，应采用深层肌内注射。油乳剂疫苗或注射药液量较多时，适用于皮下注射。

> **注意**
> 注射时要有人将被注射鸡保定，要注意注射部位的消毒和更换针头。

(3) 静脉注射法 此法适用于急性严重病例，某些刺激性药物及高渗溶液必须用此法。缺点是要求注射技术较高，注入速度较慢。其方法是将鸡仰卧，拉开一翅，在翅膀中部羽毛较少的凹陷处，有一条静脉经过，为翼（翅）静脉。注射时先在局部用酒精棉球消毒，左手压住静脉根部，使血管充血后变粗，然后将针头刺入静脉内，见有血回流，即放开左手，将药液缓缓注入。

3. 种蛋给药法

(1) 浸泡法 首先将种蛋表面洗净，然后将种蛋浸入一定浓度的药液中，浸泡3~5分钟即可。此法主要杀灭蛋壳表面的微生物。

(2) 熏蒸法 将经过洗涤或喷雾消毒的种蛋放入罩内、室内或孵化器内，然后关闭室内门窗或孵化器的进出气孔，用福尔马林熏蒸消毒，熏蒸30分钟后方可进行孵化。

(3) 照射法 常用紫外线照射消毒，将种蛋平放，紫外线光源离种蛋高40厘米，照射1分钟，然后将种蛋翻转，再照射1分钟。

(4) 真空法 将种蛋放入容器内，然后加入药液，再用抽气机将密闭容器内的空气抽走，造成容器内的负压状态（一般要求真空达33.33千帕），并保持5分钟。最后恢复常压，保持10分钟，使药物吸入蛋内。

(5) 注射法 可将药物通过蛋的气室注入蛋白内，如将泰乐菌素,直接注入卵黄囊内。还可将药物注入或滴入蛋壳膜的内层。

四、使用抗菌、驱虫药时的注意事项

1. 使用抗菌药时的注意事项

(1) 严格掌握抗菌药适应证、防止滥用抗生素 根据临床症状,弄清致病原因,选用适当的药物。一般讲革兰氏阳性细菌引起的感染,可选用青霉素、红霉素和四环素类药物;对革兰氏阴性细菌引起的感染,可选用氟苯尼考等药物,对耐青霉素及四环素的葡萄球菌感染,可选用红霉素、庆大霉素等药物;对支原体或立克次体病则可选用四环素族广谱抗生素和林可霉素,对真菌感染则选用制霉菌素等。

(2) 选择最敏感的抗菌药物 鸡场平时应做好鸡场环境与病鸡的细菌分离和药敏试验,以便治疗时选择最佳的治疗药物。

(3) 注意抗菌药物的用法和用量 使用药物时应严格剂量和用药次数与时间,首次剂量宜大,以保证药物在鸡体内的有效浓度,防止产生抗药性和耐药性,疗程不能太短或太长。如磺胺类药物一般连续用药不宜超过7天,必要时可停药2~3天后再使用。用药期间应密切注意药物可能产生的不良反应,及时停药或穿梭轮换用药。给药途径也应适当选择,严重感染时多采用注射给药,甚至静脉注射,一般感染和消化道感染以内服为宜,但由严重消化道感染引起的败血症,应选择注射法与内服并用。在应用抗菌药物治疗时,还应考虑到药物的供应情况和价格等问题,若是疗效好、来源广、价格便宜的磺胺类药物或中草药可以代替的,应尽量优先选择。

(4) 抗生素的联合应用 应结合临床诊断经验使用,如磺胺甲唑与甲氧苄啶合用,抗菌效果可增强数十倍;而红霉素与青霉素、磺胺嘧啶钠合用,可产生沉淀而降低药效。因此,用药时应注意发挥药物间的协同作用,避免药物间的配伍禁忌。

(5) 防止细菌产生耐药性 除了掌握抗生素的适应证、剂量、疗程外,还要注意将几种抗生素或磺胺类药物交替使用。

(6) 选择合适的给药方法 使用药物时应严格按照说明书及标签上规定的给药方法给药。在鸡发病初期,能吃料饮水,给药途径也多。在疾病中后期,鸡若吃料饮水明显减少,通过消化途径给药多不奏效,最好是注射给药。采用内服给药时,一般宜在饲喂前给药,以减少胃内容物对药物的影响。刺激性较强的药物宜在饲喂后给药。饮水给药时,应在给药前2~3小时断水，要让鸡在规定的时间内饮完。混饲给药时，一定要将药物混合均匀，最好用搅拌机拌匀，手工搅拌时可先将药物与少量饲料混匀，然后再将混过药的饲料与其他料混合，这样逐级加大饲料量，直到全部混合。采用注射给药时，要注意按规定进行消毒，控制好每只鸡的注射量。注射动作应快速，位置准确，严禁刺伤内脏器官或药液漏出体外。

（7）**适时停药** 对毒性强的药物需特别小心，以防中毒。为防止鸡肉、蛋产品中的药物残留，应严格遵守药物的停药期，特别是在出售或屠宰前5~7天必须停药。

（8）**减少抗菌药对疫苗的影响** 在注射疫苗和疫苗尚未形成足够抗体期间，禁用抗生素和磺胺类药物。碱性强的药物不宜与疫苗注射同时使用。

（9）**做好用药记录** 主要内容包括用药目的、用药时间、药物名称、批号、生产厂家、用药方法、用药剂量、用药次数、用药效果、用药开支及鸡用药后的反应等。

（10）**注意药物的批号及有效期** 抗菌药物的保存有一定的期限，购买时要注意药品包装上标明的批准文号、生产日期、注册商标、有效期等，防止伪劣假药和过期失效的药品流入鸡场。

2. 使用驱虫药时的注意事项

鸡的体内外寄生虫种类很多，但目前对鸡群危害较大的是球虫。

（1）**耐药性的产生和防止** 对球虫病往往采用长时间、低浓度的化学药物进行预防，但极易产生耐药性，甚至出现交叉耐药现象，为此要避免长期单一使用某种抗球虫药，应有计划地进行交替使用，如有人曾建议甲基盐霉素、地克株利、氯胍等交替使用。

（2）**掌握药物的作用峰期** 如对作用峰期是在感染后第1、2天的抗球虫药，其抗球虫作用一般较弱，故常作为预防药应用，如喹噁啉类等。作用峰期是在感染后第4天的抗球虫药，一般作用较强，故常作为治疗药应用，如磺胺类等药物。

（3）**注意药物残留** 由于抗球虫药一般用药时间较长，因此必然出现药物在肉及蛋中的残留现象，会直接危害人体健康。这个问题必须引起高度重视。

（4）**加强饲养管理，提高药物的防治效果** 在使用抗球虫药的同时，应注意改善饲养管理，提高鸡体的抵抗力，加强粪便管理，减少球虫病的再次感染。

五、鸡病临床常见的用药失误

由于临床兽医对鸡病的诊疗不可能做到十分完善，因而在药物使用过程中会发生各种失误。这些失误一方面虽会造成治疗的无效或失败，甚至产生毒性反应，但另一方面也能为兽医以后的正确诊疗提供经验与依据。鸡病临床常见的用药失误有择药失误、药理失误、配伍失误、剂量失误、用法失误及调制失误等。其后果表现为无效用药、药效减失、不良反应、中毒或死亡、引发药源性疾病，并使治疗费用增加。

第六节 鸡场的有效消毒

消毒主要是针对鸡传染病3个基本环节中的传播途径而言。通过消毒杀灭或清除传染源排放到外界环境中的病原微生物，切断流行过程的连续性，控制鸡病原体的感染和发病。因此，消毒是预防和控制疾病传播的重要手段之一。

一、鸡场常用的消毒方法

1. 物理消毒法

是指用物理因素杀灭或消除病原微生物及其他有害微生物的方法。其特点是作用迅速，消毒物品上不遗留有害物质。

（1）**热力消毒** 是最实用和有效的消毒方法，可分为干热法和湿热法两种。干热法包括干燥、灼烧、焚烧，湿热法包括煮沸、疏通蒸汽、低热消毒（巴氏消毒）、压力蒸汽灭菌等。

（2）**自然净化** 是指污染大气、地面、物体表面和水体的病原微生物，不经人工消毒，而是经过风吹日晒逐步达到无害化的过程。

（3）**机械除菌** 是单纯用机械的办法除去病原体。如鸡舍的清扫和洗刷、饲槽及水槽的洗涤等，可以将鸡舍内的粪便、垫料、垃圾、剩料等清除出去，但此法只能使病原微生物减少，不能达到彻底消毒的目的，所以要配合其他消毒法进行。

（4）**紫外线消毒** 能杀灭大多数病原微生物，但由于紫外线穿透力不强，不能穿透普通玻璃，且尘埃、水蒸气均能阻挡紫外线，故本法主要用于空气和物体表面的消毒。

2. 化学消毒法

是指用化学药品进行消毒的方法。化学消毒法使用方便，不需要复杂的设备，但某些消毒药品有一定毒性和腐蚀性。为保证消毒效果，减少毒副作用，须按要求的条件和说明书上推荐的方法和剂量进行使用。

福尔马林（38%~40%甲醛溶液）熏蒸消毒，即福尔马林+水+高锰酸钾消毒。其原理是高锰酸钾与甲醛发生反应，产生大量的热量，使药液沸腾，使甲醛以气体形式挥发，扩散于空气中和物体表面，使蛋白质变性凝固和溶解类脂，达到对细菌、芽孢、真菌和病毒等微生物的杀灭效果。每立方米空间用福尔马林28毫升、水14毫升、高锰酸钾14克。先将水倒入耐腐蚀的陶瓷容器内，然后加入高锰酸钾搅拌均匀，再加入福尔马林。在熏蒸消毒前必须密闭鸡舍或容器，不能漏气，熏蒸一经开始，人员应立即撤离。消毒时间为12~24小时。消毒完毕后，打开门窗或容器，通风换气3~4天，方可使用。盛放药液的容器要耐腐蚀，且要深大，其容积比药液量至少大4倍，以免药液沸腾时溢出。也可用福尔马林+水，按每立方米空间用28毫升福尔马林，加等量水，置于大容器里于热源上直接加热蒸发消毒。

> **注意**
> 熏蒸结束要及时关掉热源或将容器离开热源。

3. 生物学消毒法

是利用某些生物消灭致病微生物的方法。特点是作用缓慢，效果有限，但费用较低。多用于大规模废物和排泄物的卫生处理。常用的方法是生物热消毒技术和生物氧化消毒技术。

二、鸡场常用消毒剂的种类及使用剂量

理想的化学消毒剂必须的条件有：杀菌谱广；杀菌性能好，低浓度时就能杀死微生物；杀菌作用迅速，对人及鸡无毒害作用；性质稳定，无臭味，易溶于水，可在低温下使用；对金属、木材、塑料制品等没有损害作用，消毒后易于除去残留药物；无易燃性和爆炸性，使用无危险性；不易受有机物和酸碱及其他理化因素的影响；价格低廉易购买；便于运输。实际上完全理想的消毒剂还很少，同一种消毒剂不可能适用于各种微生物和所有的物品。常用消毒剂有以下几类。

1. 醛类消毒剂

（1）甲醛 福尔马林是38%~40%甲醛溶液，有强烈的刺激性气味。0.5%~2.5%福尔马林可用于鸡舍、用具和排泄物等的消毒。一般

配成溶液进行喷洒和洗涤，也可利用甲醛蒸气进行熏蒸消毒。2%的福尔马林用于器械浸泡消毒。3%~5%福尔马林用于鸡舍地面、墙壁、笼具等的喷洒消毒。5%~10%福尔马林可用于固定标本及保存病料。甲醛蒸气也可用于蛋壳的消毒，但对蛋内的细菌不能起到消毒作用。为了杀死蛋壳上污染的鸡伤寒杆菌，可在种蛋入孵之前，装盘上架，在单独的房间中进行熏蒸消毒20~30分钟。经消毒处理的种蛋，应立即入孵，也可在孵化器内对新孵不久（6小时以内）的蛋进行甲醛蒸气熏蒸消毒，消毒后应立即通风换气。

（2）**戊二醛** 是一种广谱、高效的消毒剂，具有作用迅速、刺激性小、低毒安全等特点。

2. 碱类消毒剂

（1）**生石灰**（氧化钙） 主要用于墙壁、地面、粪池及污水沟等的消毒。一般用生石灰加10~20倍水制成石灰乳使用，或用生石灰1千克加水350毫升制成石灰乳撒布消毒，使用时要现配现用。

（2）**氢氧化钠**（苛性钠、火碱、烧碱） 用于消毒鸡舍、饲槽、地面等。溶液加热后使用，消毒力和去污力都增强。2%的含量能杀死大多数病原微生物，4%的含量能在45分钟内杀死细菌的芽孢，但结核杆菌对氢氧化钠的抵抗力较强，10%氢氧化钠需要24小时才能将其杀死。常用2%~3%热溶液消毒鸡舍墙壁、地面、饲养用具、车辆等。消毒12小时后用水冲洗干净。

> **提示**
>
> 由于氢氧化钠对皮肤有强烈的腐蚀性，消毒时注意防护。

（3）**氢氧化钾** 与氢氧化钠相似。

3. 含氯类消毒剂

（1）**漂白粉**（含氯石灰、氯化石灰） 是氯化钙、次氯酸钙和消石灰（氢氧化钙）的混合物，其主要成分是次氯酸钙，它容易生产，价格低廉，是目前常用的消毒剂之一。适用于鸡舍、土壤、粪便、脏水等的消毒。消毒前先将其配成悬浊液，密闭放置一昼夜，取上清液作喷雾消毒用，沉淀物可用作水沟和地面的消毒，但是，粪水和其他液体消毒时多采用粉剂。饮水消毒时每立方米河水或井水中加6~10克漂白粉，30分钟后即可饮用。10%~20%的乳剂用于鸡舍、粪池、车辆和排泄物等的消毒。将10%乳液放置过夜，沉淀后的上清液即10%的澄清液稀释成1%~3%的可用于消毒饲槽、饮水槽及其他非金属用具。5%漂白粉乳剂能在5分钟内杀死大多数细菌，10%~20%乳剂可在短时间内杀死细菌的芽孢。纺织品、金属制品等消毒完毕应尽快用清水冲洗干净，以防被腐蚀和漂白。消毒时也应做好个人防护。

（2）**次氯酸钠溶液**　次氯酸钠有强大的杀菌消毒作用，0.3%~1.5%的溶液用于鸡舍的喷洒消毒，0.05%~0.2%的溶液用于带鸡消毒。用时最好现配现用。

（3）**优氯净**（抗毒威）　常用0.5%~1%的溶液喷洒杀灭细菌与病毒，用5%~10%溶液杀灭细菌芽孢。场地消毒可用优氯净10~20毫克/米³，作用2~4小时；饮水消毒时每升水加4毫克，作用30分钟。

4. 氧化剂类消毒剂

（1）**过氧乙酸**（过醋酸）　市售质量分数多为20%。配成0.2%~0.4%可用于皮肤消毒，作用时间1~2分钟；配成0.2%可用于耐酸塑料制品、用具、橡胶制品的浸泡消毒，作用时间30分钟；每立方米3克，用于鸡舍熏蒸消毒，作用时间90分钟；质量分数为0.04%的用于保存鸡蛋的浸泡消毒，作用时间5分钟；饮水消毒的浓度是每升水加10毫克，作用时间为10分钟。使用时应现配现用，因为配制好的消毒液常温下保存超过2天即失效。

> **注意**
>
> 配制时谨防其溅入人的眼内、皮肤和衣服等处。

（2）**高锰酸钾**（过锰酸钾、灰锰氧）　0.02%~0.1%的水溶液用于皮肤、黏膜消毒及饮水消毒；2%~5%的溶液用于杀死芽孢及浸泡病鸡用过的料桶或料槽、饮水器械或清洗食槽及水槽。消毒后的容器应及时洗净，以免着色。

（3）**过氧化氢溶液**（双氧水）　1%~3%的溶液用于化脓创面的清洗，含量高于3%的溶液对组织有刺激性和腐蚀性。

5. 酚类消毒剂

（1）**来苏儿**（煤酚皂溶液、甲酚皂溶液）　是目前临床上常用的一种消毒剂。常用1%~2%的溶液进行皮肤消毒；0.1%~0.2%的溶液用于冲洗创口和黏膜；3%~5%的溶液用于鸡舍和器具喷雾、浸泡消毒；

5%~10%的溶液用于排泄物的消毒。结核杆菌对来苏儿有抵抗力,在10%的溶液中经过10小时仍能生存。

> **禁忌**
> 配制溶液时切勿使用硬度过高的水,也不要与其他消毒药混用。

(2) 复合酚(菌毒敌、菌毒灭、农福等) 0.3%~1%复合酚溶液用于被细菌、病毒污染的鸡舍、排泄物和车辆用具等的消毒。

(3) 臭药水(煤焦油皂液、克辽林) 3%~5%的溶液用于消毒鸡舍、排泄物及器械等。1%的溶液内服可制酵。

6. 表面活性剂类

(1) 新洁尔灭 0.05%~0.1%的溶液用于皮肤、黏膜消毒;0.1%的溶液用于洗刷饲养管理和孵化育雏的用具以及手臂、器械的消毒、蛋壳表面的喷雾消毒和种蛋的浸泡消毒(温度为31~40℃,浸洗5分钟);0.15%~2%的溶液可用于鸡舍空间喷雾消毒。配制溶液时应尽量避免形成泡沫,配好的溶液可使用2周至2个月。当溶液出现显著黄色或有较多沉淀时,应停止使用。应用时不要同肥皂或其他阴离子洗涤剂、碘和其他过氧化物等配合。新洁尔灭不适用于饮水、粪便等排泄物的消毒。

(2) 度米芬(消毒宁) 0.1%~0.5%的溶液用于喷洒鸡舍、运动场和车辆、浸泡饲饮器具等,作用时间为30~60分钟。

(3) 氯己定(洗必泰) 是用途较广的消毒剂之一。常用0.02%~0.05%的溶液进行鸡场饲养人员的手臂消毒;0.1%的溶液用于饲槽和饮水器具的浸泡消毒,浸泡时间为10分钟,2周更换1次药液;0.5%的溶液用于鸡舍和地面的喷雾消毒。

(4) 百毒杀 0.01%的溶液用于饮水消毒,0.03%的溶液用于带鸡消毒,0.1%~0.3%的溶液用于鸡舍、饲饮用具、孵化室的环境消毒。

7. 含碘类消毒剂

(1) 碘酊 是最常用和最有效的皮肤消毒药。碘酊(碘50克、碘化钾10克、蒸馏水10毫升,加酒精至1 000毫升)用作术部、手指、小面积皮肤创伤消毒。皮肤消毒后,可用酒精棉球擦拭脱碘。碘酊不能与红汞同时涂用,以免产生碘化汞而腐蚀皮肤。

(2) 碘仿(聚维酮碘) 可用于带鸡消毒、饮水消毒、浸泡消毒等。用5%~10%的溶液刷洗或浸泡消毒室内用具、手术器械等。每升饮水中加原药液 15～20 毫升，饮用 3～5 天，可防治鸡的肠道传染病。

8. 醇类消毒剂

乙醇俗称酒精。75% 的酒精溶液具有较好的杀菌作用，浸湿棉球后用于擦拭局部皮肤、注射针头、注射部位及小件医疗器械等的消毒。

三、鸡场的消毒技术

1. 鸡场出入口的消毒

鸡场出入口是鸡场防疫的第一道防线，在鸡场的出入口和鸡舍的出入口应设一个消毒池（或浸透消毒液的麻袋），在冬春季节选用新鲜生石灰，夏秋季节用 2%～3% 氢氧化钠溶液作消毒剂。对于过往人员和车辆的消毒、消毒药液的配制和更换、紫外线的照射等都需要有专门的技术人员监督和操作，并要有登记记录。

2. 进出车辆的消毒

要尽量用本场车辆，对于其他农场、牧场、药厂等相关单位的车辆尽量不用，车辆进、出鸡场大门，必须经过车身消毒。

3. 对外来及饲养管理人员的消毒

对于必须接待的外来有关人员，所乘各种车辆绝不能进鸡场大门内，特殊情况必须进场的车辆和人员，要消毒后才允许进入。饲养管理人员进出生产区前，必须在消毒室消毒或消毒间消毒、洗澡、更衣、换鞋帽后方可进入生产区。工作服和鞋帽也要定期清洗消毒。不同鸡舍的饲养人员不得随便进入别的鸡舍。

鸡场入口人员消毒

4. 鸡舍消毒

正确的鸡舍消毒应在苗鸡或新鸡到达之前，就已清洗和消毒完毕。每栋鸡舍在消毒和熏蒸之后至少空闲 2 周。具体的消毒工作程序如下：

（1）**预备消毒**　用消毒液喷洒整个鸡舍，防止鸡舍内尘土飞扬。

（2）**搬出和清扫器具**　凡能移动的器具（送料车、饲料槽、饮水槽等），最好全部搬到鸡舍外面，水线、料线、料仓均应彻底浸泡、冲洗干净。

（3）**清洗鸡舍**　用高压水枪对棚顶、墙壁、地面、辅助设备、风扇的风叶、遮板等进行清洗，直到干净为止。

(4) 再次消毒 待地面、墙壁干燥后，对鸡舍再次喷洒消毒剂。

(5) 搬入器具 将在室外冲洗干净的器具搬入鸡舍，进行鸡舍和器具的整修，封闭好进出口。

(6) 最后消毒 第1次可用来苏儿或百毒杀进行喷雾消毒，喷雾时先消毒墙壁，再消毒器具、地面；第2次用甲醛熏蒸消毒。在进鸡前2～3天通风换气，准备进苗鸡或新鸡。

5. 饲具、用具的消毒

(1) 鸡场管理器材和用具 可用4%来苏儿溶液或0.1%新洁尔灭溶液浸泡或喷洒消毒。

(2) 饲喂和饮食用具［水线（槽）、料盘（槽）］ 每周消毒2～3次，炎热季节应增加消毒次数，喂雏鸡用的塑料布，反、正面各用1次后，用高锰酸钾水等消毒。

(3) 医疗器械 必须先清洗后，再煮沸消毒。

(4) 拌饲料的用具及工作服 每天用紫外线照射1次。

6. 环境的消毒

进鸡前，对鸡舍周围5米以内的地面，用2%氢氧化钠溶液喷洒或撒生石灰消毒。

鸡场内的道路、建筑物要定期消毒，尤其是生产区的主要道路定期用火碱或次氯酸钠溶液喷洒消毒，每周1～2次。必要时可用火焰消毒器对重点部位烧灼消毒。

当对鸡群进行周转及淘汰和鸡场周围有疫情时，要加强对场区环境的消毒。鸡场周围以及场内的污水池，排粪坑和下水道出口等，每月用漂白粉撒布消毒1～2次。定期清除场舍之间的杂草、垃圾，做好灭鼠和杀虫工作，保持良好的环境卫生。

7. 饮水消毒

鸡饮用水最好事先进行检查，一般每100毫升样品中含有大肠杆菌数不应超过5 000个。常用的饮水消毒法有2种，即物理消毒法和化学消毒法。物理消毒法就是用煮沸的方法来杀灭水中的病原微生物。这种方法适用于用水量少的育雏阶段。化学消毒法就是在水中加入化学消毒剂消毒。目前市售的很多消毒剂都可作饮水消毒用，可按瓶装的使用说明进行使用。需要注意的是，鸡接种疫苗的前后各两天内禁止使用饮水消毒，以免影响消毒效果。

8. 带鸡消毒

是集约化养鸡综合防疫的重要措施之一，也是净化鸡舍环境和防止疫病传播的主要手段，尤其是对那些隔离条件差、不同日龄的鸡群在同一鸡场饲养及各种疫病经常发生的老鸡场更为有效。

9. 转群的消毒

接送鸡转群所用的笼具、车辆等用具，均需喷洒消毒或火焰消毒后，方可继续使用。

10. 种蛋及孵化消毒

（1）种蛋消毒 种蛋在鸡舍收集后进行初选，在30分钟内放入消毒柜或熏蒸室进行消毒。每立方米用甲醛30毫升，高锰酸钾15克熏蒸30分钟。熏蒸后送入种蛋库存放。

（2）孵化器和出雏器的消毒 孵化器和出雏器经冲洗干净后，用过氧乙酸喷洒消毒。出雏盒、蛋盘、蛋架等用次氯酸钠或新洁尔灭溶液浸泡或刷拭干净后，再用甲醛熏蒸1小时。种蛋在入孵当天、19日龄种蛋落盘后，在出雏器内用甲醛（30毫升/米^3）熏蒸30分钟。每出1次雏鸡，所有使用过的器具，如孵化器、出雏盒、蛋盘、蛋架等都要进行彻底清洗擦拭、喷洒和熏蒸消毒。将蛋皮等废弃物进行深埋、焚烧等无害化处理。

11. 鸡粪的消毒

鸡粪中往往含有各种病原体，如不进行消毒处理，直接作为农田肥料，往往成为传染源，因此，对鸡粪必须进行严格消毒处理。

（1）生物热消毒法 常用堆粪法。在距离鸡舍100~200米的地方，挖1个宽1.5~2.5米、深约20厘米的坑，从坑底两侧至中央有不大的倾斜度，长度视粪便量的多少而定。在坑底垫上少量干草，其上堆放欲消毒的鸡粪，高度为1~1.5米，然后再在粪堆外围堆上10厘米厚的干草或干土，最后抹上10厘米厚的泥土，如此密封发酵2~4个月，即可用做肥料。

（2）化学消毒法 适用于粪便消毒的化学消毒剂有漂白粉、0.5%~1%过氧乙酸、20%石灰乳等。方法是挖1个适当大小的坑，将鸡粪填入坑内，加水和消毒剂后细心搅拌，使消毒剂浸透均匀后封闭即可。

12. 病死鸡尸体的消毒

合理而安全地处理病死鸡，对于防止鸡场传染病发生和维护公共卫生都有重大意义。

(1) 掩埋法 在掩埋病死鸡尸体时,应注意选择远离住宅、水源及道路的僻静地方,要求土质干燥、地下水位低,并避开水流、山洪的冲刷。掩埋坑的深度为地面与尸体上表面的距离不得少于1.5~2米。掩埋前,在坑底铺上2~5厘米的石灰,病死鸡投入后再撒上1层石灰,填土夯实。

(2) 焚烧法 是消灭病原最彻底的方法。方法是挖一个长2.5米、宽1.5米、深0.7米的焚尸坑,坑底放上木柴,在木柴上倒上汽(柴)油,将病死鸡尸体放上后再倒汽(柴)油,放木柴,最后点火,一直到鸡尸体烧成黑炭样为止,焚烧后就地埋入坑内。

第七节 鸡场疫病的防控策略

鸡场疫病的防控策略,具体内容见表5-7。

表5-7 鸡场疫病的防控策略

疫病流行的基本环节	疫病的来源及影响因素		疫病防控策略	疫病防控目的
传染源	发病鸡		隔离,扑杀,尸体处理	消灭传染源
	潜伏期和恢复期的鸡		密切监测,消毒	
	症状不明显的鸡		隔离,治疗	
	健康带菌(毒)鸡		隔离,检测,净化	
传播途径	直接接触传播		隔离	切断传播途径
	间接传播途径	土壤	卫生管理和消毒	
		空气		
		饮水		
		鸡舍		
		笼具		
		运输工具		
		排泄物		
		饲料	注意选购,防霉变	
		人员	消毒及行政管理	
		飞鸟	防鸟	
		啮齿动物	灭鼠	
		昆虫	灭虫	

（续）

疫病流行的基本环节	疫病的来源及影响因素	疫病防控策略	疫病防控目的
易感鸡	年龄、性别、用途	隔离，淘汰，治疗	提高鸡的抵抗力
	遗传素质	育种改良	
	应激因素	减少应激，药物预防	
	免疫状况	免疫接种预防	
	营养状况	加强营养，药物预防	

附　录

附录A　初生雏鸡的强、弱分级标准

鉴别项目	强雏特征	弱雏特征
精神状态	活泼健壮，眼大有神	呆立嗜睡，眼小细长
腹部	大小适中，平坦柔软，表明卵黄吸收良好	腹部膨大、突出，表明卵黄吸收不良
脐部	愈合良好，有绒毛覆盖，无出血痕迹	愈合不良，大肚脐，潮湿或有出血痕
肛门	干净	污秽不洁，有黄白色稀便
绒毛	长短适中，整齐清洁，富有光泽	过短或过长，蓬乱沾污，缺乏光泽
两肢	两肢健壮，站得稳，行动敏捷	站立不稳，喜卧，行动蹒跚
感触	有膘，饱满，温暖，挣扎有力	瘦弱、松软，较凉，挣扎无力，似棉花团
鸣声	响亮清脆	微弱，嘶哑或尖叫不休
体重	符合品种要求	过大或过小
出壳时间	多在20.5~21天间准时出壳	扫摊雏、人工助产或过早出的雏

鸡苗选择

附录B 高产蛋鸡与低产蛋鸡的区分方法

项目	高产蛋鸡	低产蛋鸡
头部	大小适中，清秀	粗重，过长或过短
喙	粗、稍短，略弯曲	细长无力或过弯似鹰嘴
眼	眼明亮有神	眼睛无活力
鸡冠	冠大，颜色鲜红，温暖	冠小，苍白，发凉
体躯	背长而平，腰宽，腹部容积大	背短，腰窄，腹部容积小
皮肤	薄而软，有弹性，手感好	厚而粗，脂肪多，发紧发硬
耻骨间距	大，可容2~3指	小，仅容1~2指
泄殖腔	呈扁圆形，大而湿润	小，圆形，不怎么湿润
胸耻骨间距	大，可容4~5指	小，仅容2~3指
羽毛	表现污脏，残缺	整齐，清洁
鸡爪	普通饲养的鸡，鸡爪大都磨损	磨损少
换羽	开始迟，持续时间短	开始早，持续时间长
动作	对外界变化灵敏，动作活跃	动作不活跃
觅食力	强，嗉囊经常饱满	弱，嗉囊不饱满

参 考 文 献

[1] 刘永明、赵四喜. 禽病临床诊疗技术与典型医案 [M]. 北京：化学工业出版社, 2017.

[2] 刘金华, 甘孟侯. 中国禽病学 [M]. 2版. 北京：中国农业出版社, 2016.

[3] 勃拉姆. 兽药手册 [M]. 沈建忠, 冯忠武, 曹兴元, 译. 7版. 北京：中国农业大学出版社, 2016.

[4] 孙卫东. 鸡病鉴别诊断图谱与安全用药 [M]. 北京：机械工业出版社, 2016.

[5] 席克奇, 曲祖乙. 新编鸡病诊疗手册 [M]. 北京：科学技术文献出版社, 2015.

[6] 孙卫东. 土法良方治鸡病 [M]. 2版. 北京：化学工业出版社, 2014.

[7] 胡元亮. 兽医处方手册 [M]. 3版. 北京：中国农业出版社, 2013.

[8] 塞弗. 禽病学 [M]. 苏敬良, 高福, 索勋译. 12版. 北京：中国农业出版社, 2012.

[9] 崔治中. 鸡病 [M]. 北京：中国农业出版社, 2009.

[10] 辛朝安. 禽病学 [M]. 2版. 北京：中国农业出版社, 2003.

特点：按照养殖过程安排章节，配有注意、技巧等小栏目，畅销5万册
定价：26.8元

特点：以图说的形式介绍养殖技术，形象直观
定价：39.8元

特点：按照养殖过程安排章节，配有注意、技巧等小栏目
定价：26.8元

特点：解答养殖过程中的常见问题
定价：19.8元

特点：鸡病按照临床症状进行分类，全彩印刷
定价：39.8元

特点：介绍鸡病的典型症状与病变，全彩印刷
定价：39.8元

特点：近300张临床诊断图，全彩印刷
定价：59.8元

特点：近300张临床诊断图，全彩印刷
定价：49.8元

特点：养殖技术与疾病防治一本通，配有微视频
定价：29.8元

特点：养殖技术与疾病防治一本通
定价：20元